Leonardo's Science Workshop: Invent, Create,
and Make STEAM Projects Like a Genius

天才達文西的
科學教室

像科學家一樣，發明、創造和製作STEAM科展作品

海蒂・奧林傑 Heidi Olinger 著　李弘善 譯　簡麗賢（北一女中物理科教師）審訂

目錄

前言

天才達文西

你知道嗎？李奧納多‧達文西（Leonardo da Vinci, 1452-1519）現存的筆記約有7,200頁。很難想像，在他辭世後500年，我們還能親炙他的部分手稿。達文西的傳記作家相信，他一生中可能完成20,000至28,000頁手稿，內容涵蓋解剖學、植物學、哲學、生理學、工程、建築、動物學、藝術、幾何與地理等不同領域，涉獵範圍之廣不及備載。雖然有些手稿已經亡佚，使得我們失去許多達文西的點子、研究，還有問題及解答。不過，幸運的是，從傳世的7,200頁手稿中，依舊可以一窺達文西的行事風格。

西元14到16世紀是歐洲的文藝復興時期，這段期間出現了許多偉大的天才，達文西就是其中一位。其實，他也被公認為有史以來最偉大的天才。看過他的筆記，就曉得此言不假。他留給世人多項恩賜，包括知名畫作〈蒙娜‧麗莎〉等藝術作品只是其中一項而已。達文西的畫作帶給人們靈感與啟發，而記錄他創作背後思維的筆記，更是送給世人的大禮。達文西的天才來自他的思考歷程，我們可以從中仿效，並且應用於自己的學習中。

義大利北部米蘭郊外的鄉村風光。達文西在1482年搬來此地，他舉世聞名的筆記也是從這時開始撰寫。這一年他才30歲，卻已經是研究大自然的終身學習者，並把已學或想學的內容全部列在筆記上。

達文西帶給後世諸多啟發，其中最重要的一點是：他不認為藝術與科學必須壁壘分明，也沒有把工程從科學中抽離。他以科學家與工程師的角度從事探究，因此能掌握解剖、物理、自然與幾何等不同領域的知識，這樣的本領又讓他的藝術成就更上層樓。他的機械繪圖與科技發明充滿美感，因為他花了許多心力觀察光線、陰影及事物細微的特徵，在正式作畫之前的試畫也同樣用心。

〈蒙娜‧麗莎〉的義大利文名稱是〈喬宮達夫人〉（La Gioconda），此畫創作於1503至1506年。如同這副畫作，達文西的大部分作品都會出現水體、岩石、樹叢及雲朵等元素，他也以嚴謹的科學態度，精準描繪出每個細節。

達文西的「鏡像書寫」舉世聞名，坊間也有許多相關論述。由於達文西是左撇子，對他而言，從右邊寫到左邊是最省力的書寫方式。其他人若想一窺究竟，必須用鏡子反射手稿內容，才能看懂他寫什麼。耐人尋味的是，他總是用自己的方式學習，此為一例。不過達文西之所以為天才，憑藉的是永無止境的好奇心、推敲萬物運作的原理且樂在其中，還有追求點子並解開自然界謎題的熱情。「天空為什麼是藍色？」他從不停止發問，並在尋求解答的過程中，利用筆記本記錄整個過程。

達文西的筆記真是洋洋大觀，他研究的主題往往是一個接一個，例如人體解剖繪圖就和水車素描及工程相關主題放在一起。在他的年代，紙張所費不貲，因此他極為珍惜的使用，幾乎非把整頁填滿才罷休。他的腰間隨時別著筆記本，每當靈光乍現之際，就能立刻抽出筆記去記錄想法，這真是重要的態度。

達文西還有一個特質值得我們注意：他會在筆記中註記自己曾經犯下的錯誤，從不羞於承認。這是很重要的學習態度：研究、學習、犯錯、認錯，從錯誤中成長，學習再學習！

以達文西學習風格辦學的學校，各學科會同時進行，讓學生體驗各科之間如何相互影響。學生學習科學之際，接觸數學；學習數學之際，接觸音樂；學習音樂之際，接觸科技，以此類推。對於置身其中的世界，達文西有自己獨特的學習方式；今日所稱的「STEAM」（S表示科學、T表示科技、E表示工程、A表示藝術，M表示數學），與他的學習風格有異曲同工之妙。

下次如有機會進行專題計畫，切記：如何執行及計畫內容，與最後的成果一樣重要。採取的步驟、投入的心血與想像力，都是最後成功的關鍵。

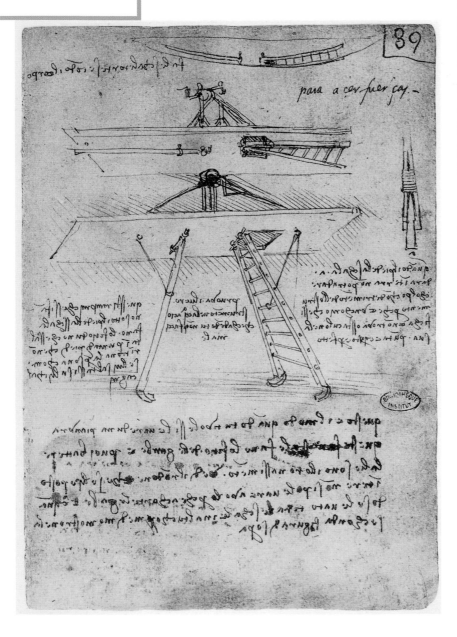

達文西也會喜歡的科學方法

運用科學方法，讓你可以計劃、測試及檢驗實驗的結果。

科學方法的步驟

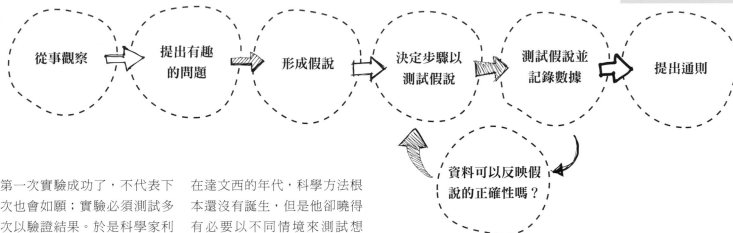

從事觀察　→　提出有趣的問題　→　形成假說　→　決定步驟以測試假說　→　測試假說並記錄數據　→　提出通則

資料可以反映假說的正確性嗎？

第一次實驗成功了，不代表下次也會如願；實驗必須測試多次以驗證結果。於是科學家利用科學方法的流程，證明想法是否正確可行。科學方法的步驟是：觀察、實驗、測試、測量與修正。透過這套流程，可以知道實驗結果是否正確。

在達文西的年代，科學方法根本還沒有誕生，但是他卻曉得有必要以不同情境來測試想法，確保想法的可行性。「提出通則之前，」他在筆記本上寫道，「要測試兩次或三次，並且觀察測試結果是否相同。」

在本書的「一起動手玩」單元，你得像科學家一樣運用科學方法完成實驗。你要採取的步驟如下：

步驟1
你可能觀察到事有蹊蹺，想知道造成的原因，或解釋它如何發生。這時請提出問題或陳述，依此設計實驗進行測試；問題或陳述就是你的「假說」。「假說」為「推測」的意思，在科學方法中，就是你想要以研究或調查來證實的想法。

步驟2
實驗過程中，結果會不會發生改變？科學家把這樣的改變稱為「變因」。舉例來說，如果你進行的實驗與河流的水質有關，其中一項變因就是水本身——因為河水會不停的流動。

接下來，實驗中不會改變的部分稱為「控制變因」，在實驗過程必須保持不變。例如執行水質的實驗，每天的測量時間必須固定不變，因此「測量水質的時間」就是「控制變因」。

步驟3

搜尋看看，你的實驗是否有人曾經做過？就算有，但是你還沒有做過，因此實驗結果可能相異，這時就可以比對差異。

步驟4

設計實驗以測試假說或想法。將你設計的實驗步驟寫在筆記本上，以便之後執行。

步驟5

根據步驟進行實驗，然後記錄結果；科學家把結果稱為「數據」。

步驟6

分析數據，找出其涵義。換句話說，實驗的結果透露了什麼？

步驟7

根據數據得出結論，並針對測試假說的過程寫下解釋。你的假說得到證實了嗎？或者實驗結果推翻了假說？如果你相信假說為真，能否形成另一種假說並進行測試？最後，還有沒有更進一步的研究能夠證實你的結果？

右邊的表格可以協助你運用科學方法進行實驗。你可以影印此表格使用，或者把步驟記錄在筆記本上。

不論你追求的領域是科學、科技、工程、藝術或設計，其實每個領域都是互相關聯。你提出的問題，以及追求解答而採取的步驟，都能讓你經歷如同達文西一樣的體驗。

隨時準備科學筆記本，它在接下來的章節會派上用場。你可以挑選不同樣式的筆記本：螺旋裝訂、三孔裝訂、口袋大小等，哪種好用就用哪種。我們將會像達文西一樣運用科學方法解決問題，就從空氣與飛行開始吧！

姓名	實驗日期
科學方法的步驟	**筆記**
觀察	
提出問題	
假說：測試的內容	
流程：執行實驗的步驟	
變因：在實驗過程，哪些因素會產生變化？	
控制變因：哪些因素必須保持不變？	
記錄實驗數據	
結論：說明實驗結果	

CHAPTER 1

展翅高飛

TAKE WING

我們都泡在分子濃湯裡

空氣占有空間

「空氣會被力量擠壓，如同羽絨床墊被躺在上面的人的重量壓扁。」達文西如此寫道；他曉得空氣占有體積。達文西看不見空氣，卻知道鳥類振翅時會推擠空氣，空氣因此產生推力讓鳥類升空翱翔。就像達文西觀察的結果一樣，空氣真是一種物質。我們的眼睛看不到空氣，但是空氣就在我們周圍。

空氣的確是物質，由氮、氧與少量包括氬等其他氣體組成。空氣占有體積，也測得出重量。雖然我們看不見空氣，卻可以目睹空氣在日常生活中造成的效應。

空氣是有體積的、由物質組成，而且可以測出重量。我們看不見空氣，卻天天體驗空氣帶來的效應。我們將空氣吸進體內，吸收氧氣並排出二氧化碳。

下述體驗可以讓你快速理解空氣就是物質：跳進深水域、躍入一大桶凝膠，或從腳到頭讓乒乓球包圍。這些例子可以幫助你想像與理解：原來我們的身體四周，根本就是空氣分子組成的濃湯。空氣確實存在，即使它輕如鴻毛，還是會對你的身體及周圍物體造成壓力。

跳進水中，不管身在何處，都說明一個事實：數不清的空氣分子如同汪洋大海，我們天天置身其中。

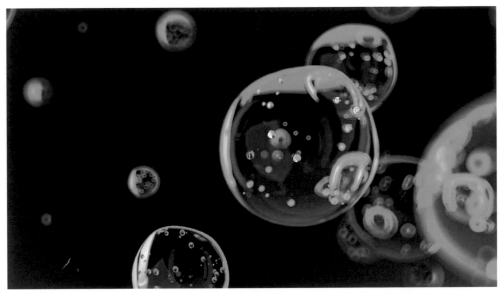

在海平面，空氣中的分子比高海拔區域多。地球表面的空氣分子，因為星球引力（詳見p.115）牽引而彼此緊密靠在一起。高海拔區域的空氣分子較少，也比較稀疏，因為高空離地表較遠、引力變弱，空氣分子會逃脫引力的控制。這也是為什麼大家都說高海拔區域的空氣「比較稀薄」。愈往高處，組成空氣的物質愈少（這些物質就是空氣分子）。

1905年，愛因斯坦的實驗室

達文西透過觀察，曉得空氣由物質組成，但是要證明空氣分子的存在，還得經過400多年。由於分子太小、肉眼無法辨識，大家對其是否存在仍半信半疑！1905年，艾伯特·愛因斯坦（Albert Einstein）在瑞士伯恩的實驗室，證實分子與原子的存在。他以三項工具達成創舉：顯微鏡、碼錶，以及一種液體。在液體中，看得見的粒子在看不見的分子與原子間移動。愛因斯坦觀察並記錄粒子移動的時間與方式，推估分子與原子的運動。分子與原子的運動被實驗證實，也就說明兩者都是存在的實體。

空氣的化學性質

組成空氣的氮、氧與氬，其實是化學原子。這三種原子組成我們呼吸的空氣，比例如下：

氮	78%
氧	21%
氬及其他微量氣體	1%

僅剩的1%還有哪些氣體呢？少量的水蒸氣、一氧化碳與甲烷，都是空氣的成分。

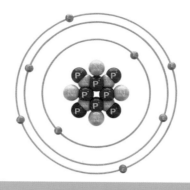

氧原子的內部有什麼？

次原子	次原子在原子內的數量	電荷
質子	8	正電
電子	8	負電
中子	8	不帶電

你的眼力有多好？

兩個以上的原子結合在一起，稱為分子。原子微乎其微，以前的人認為原子小到無法再切割，因此稱為「atom」，也就是「不可切割」的意思。原子到底有多小？用想像的方式來體驗一下！

輕輕地從頭頂拔下一根頭髮，放在一張白紙上。頭髮的寬度，大約是肉眼可以辨識的最細微尺度。請盯著這根頭髮看：頭髮屬於固態，而固態是物質狀態之一。由於頭髮是固態而非液態或氣態，因此組成的原子排列很緊密。頭髮的寬度，約等於十萬個原子排列在一起！細看這根髮絲，想像十萬個原子排在一起的畫面！

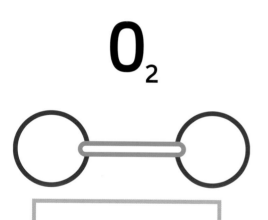

O_2

兩個氧原子結合，形成氧分子。氧分子的代號是O_2，意思就是「這是氧原子，而且是兩個氧原子」。氧分子占空氣組成的21%。

原子是大自然達成平衡的最佳例子

原子就算很渺小，也是由更小的粒子組成，這些粒子稱為「次原子」（subatoms，sub是「下方」的意思）。有些次原子還帶電呢！原子的中心，稱為「原子核」，原子核內部有更小的粒子，即「質子」與「中子」；在原子核周圍繞行的則是「電子」。

中子是電中性的，表示沒有帶電；每個質子帶一個正電荷，每個電子帶一個負電荷。以氧原子為例，原子核裡有8個質子，周圍有8個繞行的電子。質子與電子的數目相同，電性則相反。換句話說，質子的正電荷與電子的負電荷達成平衡狀態。這樣一來，氧原子就是中性原子，也可說是自然界達成平衡的最好例子。

雖然你看不到原子的內部結構，但是從元素週期表就可以了解原子的組成。照樣以氧原子為例：方塊頂端的數字8，表示氧原子的原子核內有8個質子；這個數字為元素的「原子序」。字母O則表示氧原子。元素週期表總共列出118種元素，包括氮（有7個質子）與氬（有18個質子）。氮、氧與氬這三種原子共同組成大部分的空氣。

傾倒空氣、體驗分子

本計畫的實驗設計，讓看不見的現象明白攤在眼前。

當然，實驗的主題就是空氣！

如果你穿長袖衣服，趕快捲起袖子，

待會就要以雙手伸進分子的汪洋。

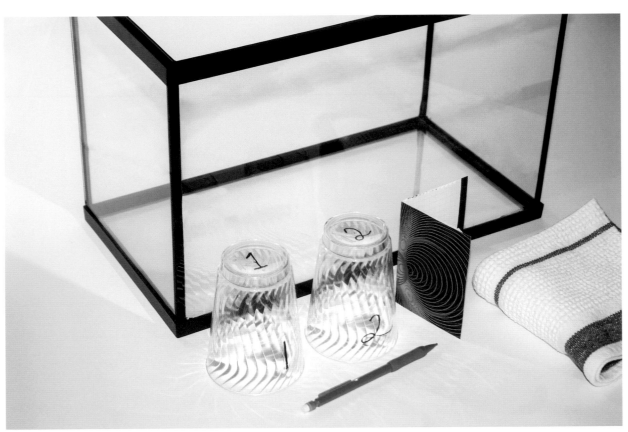

實驗材料

兩個透明塑膠杯，分別以麥克筆書寫1與2

魚缸或容器，深度要讓你的雙手和前臂可以沒入水裡

清水，待會注入容器裡

筆記本

鉛筆

毛巾，用來擦乾溢出的水

實驗背後的科學

空氣占有空間，以科學術語描述，就是空氣有體積的意思。把杯子放在桌面，想像杯子裡裝滿了空氣分子。空氣分子就是組成空氣的物質。因為空氣由物質組成，科學家也說空氣具有質量。

假定杯裡充滿空氣，把杯子上下顛倒、快速浸入水中，會發生什麼樣的現象？如果杯裡的空間已經被某種物質占滿（空氣），還會有空間給另一種物質（水）嗎？請在筆記本寫下你的預測。

依序完成以下步驟，並注意觀察。你觀察到的現象，可以證明「杯子裡有空氣」的預測嗎？

1　快快捲起袖子！拿出充滿空氣的1號杯，以上下顛倒的方式，垂直壓入盛水的容器裡。

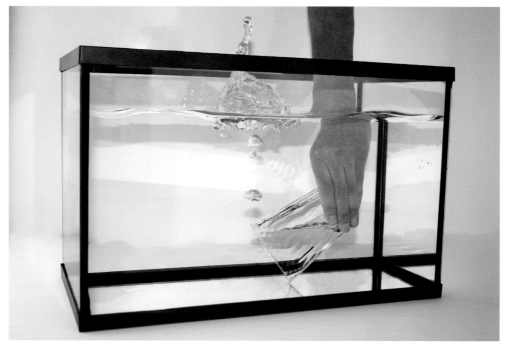

2　用手按住杯子，慢慢讓杯口稍微朝上傾斜。向上冒的氣泡，就是離開杯子的空氣分子。

3　將杯口完全朝上，釋放出剩餘的氣泡。等到再也沒有氣泡，表示原本留在杯裡的空氣完全跑出來，杯裡的空間由水取代。

接下來，要玩玩空氣接力的實驗。

4　拿出2號杯，如同步驟1，將杯子垂直壓進水裡。

5 將兩個杯子挪近，同樣都是上下顛倒，且杯緣挨著杯緣。

6 把2號杯的杯口朝向1號杯，這時會看到以氣泡形式出現的空氣，從這個杯子移到另一個杯子。

空氣換杯之際，等於把這杯的空氣倒入另一杯，讓組成空氣的物質變得明顯易見。

請在筆記本記錄觀察到的現象，並且對照先前的預測。紀錄內容包括實驗結果，並敘述你對空氣分子的了解程度。

義大利藝術家卡洛·拉西尼奧在1789所創作的達文西肖像畫。此時達文西已辭世200多年。

換你啟發達文西

「啟發」的英文是 **inspire**，原意是「吸入空氣」。現在，你已經掌握些許空氣分子的特性，要如何講給達文西聽呢？請記住：一直到18世紀，科學家才證實氣體的存在。

你要跟達文西說什麼？怎麼說才能讓他「吸入」你的資訊而受到啟發，最後創造出新的事物呢？請在筆記本列出關鍵字，並且寫下對空氣的描述。

達文西與飛行的奧祕

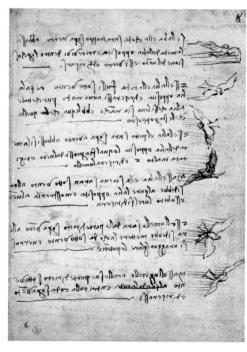

飛行的物理學

「觀察在稀薄高空中飛翔的老鷹，牠的翅膀是如何鼓動著空氣，讓沉重的身體得到支撐。物體對空氣施加的力量，等於空氣對物體施加的力量。」15世紀末，達文西在筆記本如此寫道。達文西僅憑觀察，就掌握飛行的原理了。

上圖的金鵰比空氣重，但是翅膀造形卻能善用空氣分子，讓身體起飛與降落。金鵰飛行的時候，你認為氣流通過翅膀上方與下方時，哪邊的速度較快？量量看，1公尺有多長，這是金鵰身體的長度；再量量看2.3公尺有多長？這是牠的翅膀展開的長度！再想像一下：金鵰拍動翅膀、凌空起飛的模樣。你認為翅膀上方還是下方的氣壓比較大？可以解釋原因嗎？

飛行的原理讓達文西深深為之著迷。他發明人力驅動的飛行器，試圖證明人類能否飛上天，還設計人類可以操縱的翅膀。他仔細研究飛行中的鳥，並且提出飛行的假說：「鳥類張開寬寬的翅膀，加上短短的尾巴，準備起飛，」他接著寫道，「鳥類必須用力抬起翅膀，然後放下翅膀拍動下方的空氣。」

左頁的字跡與插圖，出自達文西的《鳥類飛行手稿》（*Codex on the Flight of Birds*）。他的研究，造福許多後世的科學家，包括丹尼爾·白努利（Daniel Bernoulli）。他在1738年解釋了空氣流動的科學原理。白努利認為：鳥類飛行時，因為翅膀結構的關係，空氣通過翅膀上方的速度較快，使得氣壓較低；而空氣通過翅膀下方的速度較慢，使得氣壓較高。翅膀上方與下方的壓力差，進而造成了升力。（編按：解釋飛機能升空飛行的物理概念，除了白努利概念外，尚有其他因素，例如飛行時的角度、飛機造形和其他效應等。）

開始調查吧！

我們蒐集資訊，一起設計翅膀，就跟達文西一樣！我們將蒐集涵蓋翅膀形狀、空氣與運動方面的資訊，也跟達文西一樣，提出許多問題。

問題：
淚珠的形狀，和飛行有什麼關係？
右圖的形狀，好像淚珠的一側。看到這種形狀，是否讓你聯想到它與飛行的關係呢？

答案：
這就是翼型。
淚珠的形狀，我們稱為「翼型」。這樣的造形，可能讓你想起噴射機的機翼或鳥翼的形狀。翼型的前端是較厚的圓弧，後端則逐漸變薄、變窄。

飛行中的翼型向前挺進，空氣分子往上也朝下移動。翼型下方的空氣分子，移動的速度慢於上方滑過的空氣分子。空氣分子移動速度較慢，造成的氣壓就比較大。想像一下：翼型下方的空氣，等於處在被壓縮的狀態！翼型下方，較強的氣壓向上推，造成的力量稱為「升力」。

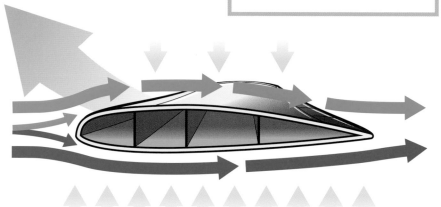

受到鳥類的啟發

看到鳥翼的切面，居然就是翼型，你是否大吃一驚呢？說穿了，航太工程師就是從飛行中的鳥類得到靈感。移動的翼型會切過空氣，與周圍的空氣產生了力的作用。空氣分子──渺小不可見卻能施展強大的力量，從四面八方擠壓著翼型。翼型向前移動的時候，因為與空氣產生了交互作用而起飛。

將書本平放在桌上，一隻手塞到書本下方，然後把書托起來。你的手在書下施展的壓力，就像慢速通過翼型下方的高壓。另一方面，通過翅膀上方的空氣，移動速度較快，形成了較低的氣壓。

讓我們進一步調查

問題：

通過翼型上方的空氣，是否因為空氣要通過的距離較長，因此速度才會變快？

答案：

根據美國的國家太空總署（NASA）工程師分析，機翼上方空氣的速度很快，只是為了比下方空氣更早抵達機翼後方，而不是因為距離較長。機翼上方的低壓空氣，其實速度更快！

畫出你的翼型

畫出屬於你自己的翼型，請標示以下項目：

高壓區

低壓區

快速移動的空氣

慢速移動的空氣

空氣流動的方向

升力的方向

和達文西一起賞鳥

達文西不只觀察飛行中的鳥,他也細看鳥的各種狀態,而且反覆觀看。他寫下筆記,問自己問題,例如:鳥類用什麼樣的方式使用翅膀?然後想辦法找出解答。以上這些行為,就是「觀察」。

當個自然觀察家吧!住家附近就可以好好賞鳥。不管你住在哪裡,都有機會走出家門,觀察鳥類百態及其飛行方式。記得帶著筆記本、鉛筆、色鉛筆與望遠鏡,可能的話帶一台相機,現在就抽出時間邁向戶外吧!

你的觀察記錄將充滿獨一無二的個人風格。看到小鳥,先用肉眼觀察。接著,以素描記錄觀察到的現象:畫出鳥類的輪廓,有沒有值得注意的花紋或樣式?先畫下外形,然後加上顏色:鳥喙是什麼顏色?腳呢?也花點精力注意體型大小:和其他鳥類相較,有多大或多小呢?有沒有攝食?歌聲或叫聲怎麼描述呢?鳥類如何起飛?如何降落?鳥類會順風起飛嗎?其他數據、記錄地點、天氣與賞鳥的時段,都要記錄下來。

下圖是根據達文西的設計而重建的機械翅膀。翅膀的形狀不像翼型,但是從喇叭似的形狀看來,功能就是壓下空氣分子,以產生向上的升力。這款翅膀有沒有讓你想起某種哺乳動物呢?

以飛機工程師的方式來思考!

用另一種角度來看翼型。機翼後緣窄窄的後翼往上或往下,會有怎樣的效果呢?飛機工程師設計噴射機的時候,讓機翼的後緣可以伸展或彎折,透過這樣的方式讓空氣分子流動,達成特殊目的,如上圖所示。請利用本小節的訊息,預測這樣設計的目的,並把假說寫在筆記本裡。

創造一個翼型

實驗材料

影印紙

膠帶

30公分長的直尺

鉛筆（最好是六角鉛筆）

吹風機

1 輕輕彎折紙張，以垂直方向對摺。這時紙張會有淺淺的摺線，並且出現翼型般的曲面。

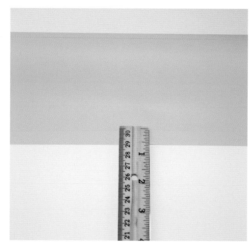

2 把紙張轉成水平方向，曲面朝下。將上半張紙的邊緣往後移1.27公分，用膠帶固定。

3 把直尺伸到紙張底下，在5公分處用膠帶把尺和紙黏在一起；紙張的邊緣也要和直尺黏合。

4 把鉛筆放在距離直尺12.7公分處，和直尺垂直擺放，並以膠帶黏合。

5 將吹風機設定最小風量模式，待會對著翼型的前端吹。你認為吹風機啟動後，會發生怎樣的現象？請先寫出假說。

6 現在測試你的實驗設計與假說。找個夥伴握住鉛筆兩端，翼型曲面朝向你。這時再啟動吹風機的小風量模式，直尺會怎樣？你感覺到翼型的升力了嗎？

實驗背後的科學

如同你所認知，通過翼型上方的空氣，移動的速度比翼型下方的空氣快。翼型下方的空氣分子在較高的壓力下受到擠壓。氣壓較高的空氣分子，向上推擠。翼型下方的高壓及上方的低壓，組合起來造成了升力！

紙飛機準備起飛！

要體驗飛行，才能理解飛行。我們運用科學方法引導實驗，一起創造體驗的機會。以下將要提出達文西曾經問過的問題，以兩種不同風格的紙飛機，重現他當年讓飛機停在空中的效果。

我們就從假說開始吧！假說如下：

「機翼的設計，將影響飛行的距離及停在空中的時間長短。」我們一起變成航空工程師，瞧瞧這個假說是否站得住腳。

實驗材料

21.6公分×27.9公分的影印紙兩張

摺紙棒
（可用可不用）

1.2公分寬的雙面膠帶

直尺

鉛筆

筆記本

科學方法步驟表
（詳見p.8）

製作「經典飛鏢」

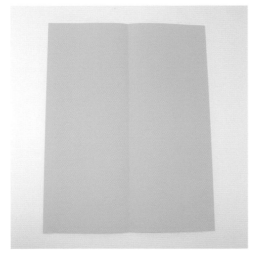

1 把紙張鋪平於桌面，從長邊的方向對摺。

2 用拇指或摺紙棒加深摺線，然後攤開紙張。

3 將左右兩角往中線摺，並加深摺線。目前摺疊的部位，將成為紙飛機的機鼻。摺疊「經典飛鏢」的目的，就是讓紙飛機有個尖尖的機鼻。請注意：剛剛的步驟，會讓紙張上半部變成三角形。

4 將三角形的右下角往中線摺，讓新的三角形覆蓋舊的。在中線壓壓右下角，壓出飛機新的右半邊。

5 左邊依樣畫葫蘆：將左下角往中線摺，壓出新的左翼。

6 從右側向左側對摺，把飛機平整的摺成一半，讓斜邊位於左方。

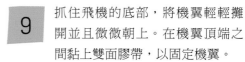
7　將左緣摺向右邊，讓上下邊緣對齊，形成飛機的右翼，並將摺線壓實。

8　將飛機翻面，這時較長邊在右邊了。現在摺出左翼：將長邊摺向左邊，左右兩翼平整相對，並將摺線壓實。

9　抓住飛機的底部，將機翼輕輕攤開並且微微朝上。在機翼頂端之間黏上雙面膠帶，以固定機翼。

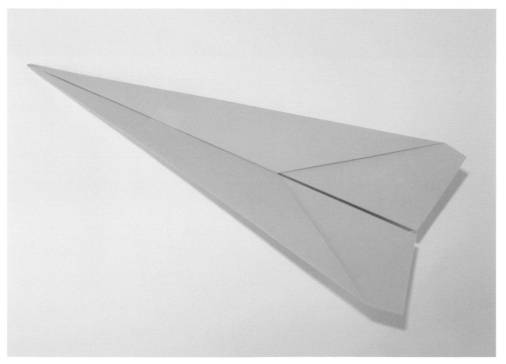

太棒了！「經典飛鏢」完成了。接下來，你還要摺另一款紙飛機，比較兩款的飛行方式。第二款紙飛機稱為「米蘭之隼」，飛行特色與第一款有天壤之別。米蘭是義大利北部城市，也是達文西開始做筆記的所在，因此以「米蘭」命名這款紙飛機。

摺出「米蘭之隼」

這款飛機需要大量的摺線！摺疊時，試著以平整的工具幫忙，才能一次處理多層的摺線。

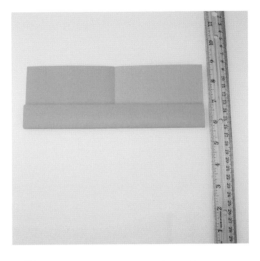

1 從長邊對摺紙張，將摺線壓實。用直尺與鉛筆，在下緣以上2.5公分處，於中線兩旁各做一個記號。

2 將下緣朝著2.5公分處做記號向上摺，將摺線壓實。

3 持續向上摺，總共摺七次。

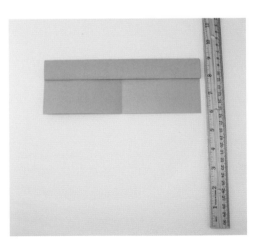

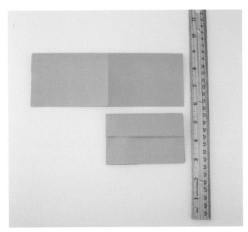

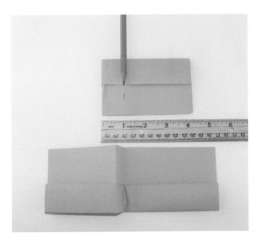

4 將紙張上下顛倒，讓摺邊朝上。

5 將紙張翻面，再從左往右對摺。

6 從左緣往距離中線2.5公分的地方畫上記號。從右緣摺向這個記號處，完成一側的機翼。

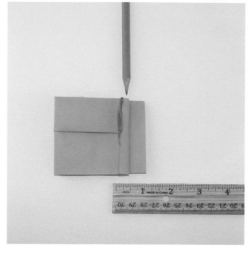

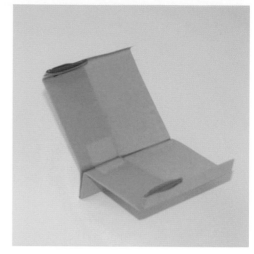

7 將紙張翻面，摺邊朝向自己。

8 左緣向右緣對摺，摺邊與右緣對齊。

9 從外側右緣向左摺1.2公分，將摺線壓實，這就是機翼的小翼。

10 將機身翻面，同樣從邊緣向內摺1.2公分，折出另一處小翼。整理機身，讓小翼向上翹起。

稍稍彎折機翼，讓機翼高於機身、小翼向上翹起。

在機翼頂端中間黏雙面膠，以固定機翼。

大功告成，可以準備觀察、實驗與測試飛行了！在體育館之類的大型室內空間測試，這樣才能控制環境，並移除任何不需要的變因。

本次實驗中，變因有哪些？
兩款飛機的機翼不同。

本次實驗中，控制的變因有哪些？
兩款飛機都在相同的地點測試，在相同的地點起飛，並由同一個人執行實驗。

本次實驗運用科學方法，請用p.8的科學方法步驟表記錄。

機翼的數學

達文西喜歡幾何學。你在摺紙飛機的時候，其實就用到了幾何學。善用設計，讓數學原則應用於實際生活，本實驗就是最佳範例。接下來，我們要算出兩種紙飛機的機翼面積。

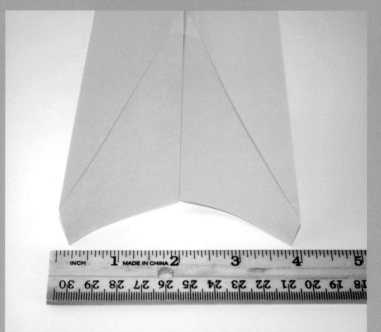

經典飛鏢

機翼呈三角形，先測量機翼底部的最遠兩端距離。

兩端的距離是否為10公分？以兩端距離乘以機翼高度（高度是否為28公分），乘出來的數字再除以2，這就是「經典飛鏢」的機翼面積，以下是計算公式：

機翼面積＝（底×高）÷2

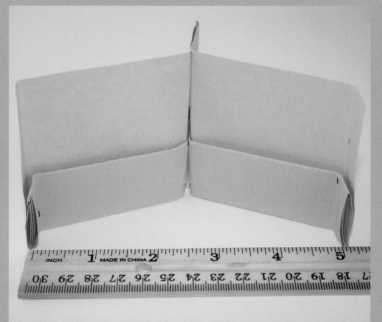

米蘭之隼

機翼是長方形，因此計算面積的方法與經典飛鏢不同。先測量兩小翼之間的距離，這距離稱為「翼展」。

測量機翼前後距離，也就是機翼的高度。將翼展乘以高度，就是「米蘭之隼」的機翼面積，以下是計算公式：

機翼面積＝翼展×高度

這就是航空設計工程師每天運用的數學計算，現在你也曉得了。

開始實驗

1 投擲「經典飛鏢」，記錄它滑翔的距離。

2 再投擲四次，投擲的位置與角度，請保持固定。手臂與手掌的姿勢，就是「推進角度」。

3 記錄每次滑翔的距離。

4 算出最遠的三次平均值。先將三次的距離加起來，再除以三；或是加幾次就除以幾。

5 幫紙飛機拍照，然後將相片貼在筆記本所記錄的飛行數據旁邊。

6 重複上述步驟，測試「米蘭之隼」的滑翔距離。

檢視飛行測試的結果。想想看：實驗結果表示什麼？科學家把結果稱為數據。舉例來說，數據能夠顯示或證明「機翼的形狀影響飛行距離」嗎？機翼面積如何影響飛行？兩款紙飛機的飛行距離都一樣嗎？小翼會影響飛機的操控嗎？

針對飛行測試立下結論

像達文西一樣，在筆記本記錄飛行測試過程中所觀察到的一切。紀錄你在測試過程的所作所為，以及產出的數據。在本測試中，數據透露怎樣的故事呢？

測試結果是否支持你的假說？有沒有可能是測試過程出現錯誤而影響了結果呢？你需要再做飛行測試嗎？

理論上來說……

如果你的假說正確預測飛行方式，假說就成為科學家所說的「理論」了！

我們看不見空氣分子，但是空氣分子不停的壓迫著飛機，還讓飛機降落。飛機離開你的手掌後，不停的摩擦著空氣分子；空氣分子與紙張之間的接觸，造成了阻礙的力量，或稱「阻力」。

著陸與升空：重力與推力

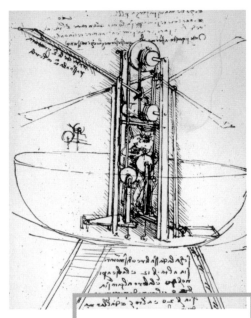

讓紙飛機翱翔的兩項主要因素，就是「推力」與「重力」。紙飛機需要來自手臂的推進力，讓飛機起飛。推力，由向前推進的動作產生。想像一下：手臂好比飛機的引擎。紙飛機離手後，就與手無關了（好比引擎關閉了）。手臂的推力產生向前的速度，而重力產生向下的拉力，讓紙飛機逐漸下降；也就是說，紙飛機同時向下墜落與向前飛行。在著陸之前，紙飛機移動的距離就是飛行距離。

阻力又是另一個與飛機著陸有關的力量。阻力的產生，來自紙張的硬面與空氣分子的摩擦力。當紙飛機離手之際，紙張表面摩擦著空氣分子，兩者的接觸產生了抵抗飛機移動的阻力。紙飛機向前飛行，阻力就往相反方向拉扯，讓飛機的速度慢下來。

達文西在1490年代建造第一版飛行器之前，已經運用想像力解釋飛行原理，上圖就是他畫的飛行器素描。你看得到中間的人嗎？他的工作就是產生飛機的推力！

阻力也是飛行的力量

「如果空氣運動的力量小於鳥的重量，鳥就會往下掉。」達文西寫道。在達文西的年代，並沒有「空氣動力學」這門學科，他也不曉得阻力這個字眼，但是他卻曉得阻力的存在。

哪種動作比較費力：順風而行或逆風而行？你應該會選「逆風而行」。當風撞擊到身體前端，你就會實際體驗阻力。阻力是影響飛行的四種力量之一，因此逆風而行的經驗就是測試飛行的好開始。

趁颱風時，走向戶外吧！

我們一起測試「皮膚與摩擦力造成的阻力」，體驗阻力的效應。颳大風的日子（不是暴風天），是體驗阻力效應的絕佳時機。物體在空氣中移動之際，會有力量阻撓移動，這種力量就是「皮膚與摩擦力造成的阻力」。面對著風的吹向，頂著風走去。逆風走路的時候，必須克服阻力，否則寸步難行。你和空氣分子碰撞，並且與撞到你的空氣分子彼此摩擦，摩擦力就形成了。讓你前進速度變慢的這種摩擦力就稱為阻力。

阻力與推力

阻力與推力的方向通常相反，以火箭為例，推力驅動著火箭向前，阻力則以反方向拉著火箭向後——這樣一來，阻力就減緩了火箭向前的速度。

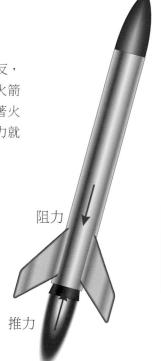

阻力

推力

左圖火箭底部紅色箭頭表示推力，方向朝上；但是，表示阻力的藍色箭頭，方向卻是朝下。火箭飛行的時候，空氣分子阻擋運動的摩擦力，就是阻力。

測試逐漸增加的阻力

實驗材料與資源

長度足夠的室內空
間（室內運動場、
長廊或娛樂室）

紙膠帶

一把傘

碼錶或是有秒針的
手錶，計時用的應
用程式也可以

鉛筆與紙張

另一位實驗夥伴

透過阻力增加你的實驗經驗！
這個實驗必須在室內進行，才
能方便控制各項變因，包括風
力干擾等。你需要距離夠長的
室內場所，像是長廊，讓你安
全奔跑、以免撞到他人或家
具。可以參考 p.8 的科學方法步
驟表進行記錄。

1 用紙膠帶標記起跑點
與終點，兩點相距大
約30步之遙。

2 決定誰當跑者，誰當計
時者。

3 跑者從起點跑到終點，
必須全力衝刺！計時者
則記錄所需時間。

接下來，請撐著傘跑步。開始
跑步之前，先形成假說，預測
第二次衝刺的狀況。所需的時
間會增加、減少或維持原樣？
支持你的預測的理由是什麼？
在科學方法步驟表中記錄這些
資訊。這次跑步的實驗，也要
填入各項變因與控制變因。例
如，傘是一項變因，「同一個
跑者再跑一次」就是控制變因。

4 把傘完全撐開，從起點跑到終點。盡全力衝刺，讓夥伴記錄時間。

第一次與第二次所需的時間，有什麼變化？有傘與沒有傘，你觀察到怎樣的差異？利用科學方法步驟表，解釋你的體驗，以及實驗過程發生的現象。

撐傘跑步的科學原理

跑步不撐傘，阻力來自身體與空氣分子阻擋前進的摩擦力。但是撐著傘跑步，表面積就增加了：你穿過的空氣變多、阻擋的力量增加，因此速度也變慢。你的身體必須提供更多的推力，才能向前邁進。阻力的方向與推力相反。在筆記本上寫一段描述，說明阻力如何產生。關於阻力測試，你還能想到其他的實驗嗎？

運動員講究速度，因此科學與科技往往結合，以增加空氣動力學的知識並減少運動時的阻力。當速度成為致勝關鍵，降低「皮膚－摩擦力」的運動服材質，就變成運動員的選擇重點，例如右圖的美國滑雪好手米凱拉・席弗琳（Mikaela Shiffrin）。此類材質包括聚氨酯（polyurethane）、尼龍，以及氨綸（spandex）。這些材質的表面能讓空氣分子均勻通過，以降低風阻。

設計降落傘、創造阻力，讓雞蛋安全落地

設計降落傘、產生適當的阻力讓一顆生雞蛋安全落地，是本計畫的目標。

實驗材料與資源

一大張報紙或大型塑膠購物袋

剪刀

膠帶

打洞機

直尺

5公尺長的繩子

小型紙袋或塑膠袋

一顆蛋

梯子（可用可不用）

實驗夥伴

鉛筆

筆記本

碼錶

1 攤開報紙；若用塑膠袋，就要剪開一側與袋底的縫線，將袋子攤平。

2 決定設計的形狀：圓形或正方形？形狀會增加降落傘的傘面表面積嗎？表面積的大小會影響阻力嗎？將你的預測記錄在筆記本上。

3 剪出你要的形狀。

4 傘面若是圓形，請剪出四條1公尺長的繩子；傘面若是正方形，請剪出兩條1公尺長的繩子。

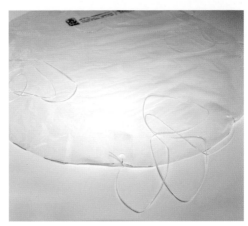

5	依照以下方式製作墊片：如果傘面是圓形，將圓周均勻分成8等份，每份貼上2.5公分的膠帶；如果傘面是正方形，在四個角落都貼上2.5公分的膠帶。膠帶的位置要讓繩子穿過，因為膠帶可以強化繩孔。
6	在每個膠帶上打繩孔。

7	把繩子的一頭綁住繩孔，另一頭綁住鄰近的繩孔。
8	剩下的繩子都以步驟7的方式處理。
9	在傘面正中央打孔，這樣引力才能以鉛直的方式拉下降落傘。

降落器以及有效載荷

利用小紙袋或塑膠袋製作降落器，裡頭裝的雞蛋就是有效載荷。

1	在袋子頂端打兩個孔。
2	用一條1公尺的繩子綁住兩個孔，繩子頂端打結。

3	將降落器的繩子和降落傘面的繩子綁在一起。
4	把雞蛋放進降落器裡。

放下、降落和著陸

1 挑選降落傘測試場地，地面先行清空。確定每個人與每項器材都安全無虞。

2 站在梯子或桌上，一放下降落傘，實驗夥伴就啟動碼錶。

3 在筆記本記錄降落傘在空中的時間，即從你放手到它著陸的時間。

4 降落器的荷載完好如初嗎？如果是，再測試兩次，每次都要記錄時間，並將數據記錄於筆記本上。

5 根據觀察，描述降落傘降落的狀況，包括降落所需的時間，以及在空中移動的軌跡。

6 如果荷載「完蛋」，想想看如何設計修正，以減緩下降的速度並增加阻力。

7 重新設計降落傘，進行新的飛行測試！

計算降落傘的表面積

我們都曉得：物體表面積增加，阻力也會增加。算出傘面的表面積，等於在動手操作計畫的過程中加入重要數據。運用的數學原理，既簡單又實用。以下是計算不同形狀面積的公式。

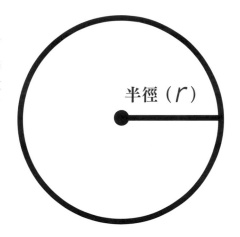

半徑（r）

正方形面積公式（或任何形狀的長方形）

面積＝寬度 × 長度

1 測量正方形的寬度並記錄。

2 測量正方形的長度並記錄。如果你切割的是標準正方形，長度和寬度應該等長。

3 將長度與寬度相乘，得到傘面的面積。

再想一想：

標準的正方形，四邊等長，如果以字母S表示邊長，面積的公式就變成S^2，意思就是：面積等於邊長乘以邊長。

圓形面積公式

面積＝$\pi \times r \times r$，或是πr^2

以下是算出圓形面積的方法：

1 測量傘面的半徑並記錄。半徑的長度乘以半徑的長度，就是半徑的平方，也可以寫成r^2。舉例來說，半徑2公分就要再乘以2公分。

2 半徑的平方乘以3.14或π。

少了π，你無法算出圓面積。π的近似值通常寫成3.14，原本是3.14159265358979……整數後面的小數是無窮盡的。

如同上面的圓形圖示，r表示圓的半徑。直徑是通過圓心的假想線，半徑則是直徑的一半。而r^2的意思就是「半徑的平方」，算法是半徑乘以半徑。

小知識：

你知道嗎？π也有專屬的節日，那就是「π日」（Pi Day）。為了配合π的近似值3.14，訂在每年的3月14日慶祝。

上升與下降：玩玩風箏

風箏能飛上天，構造的設計必須讓推力與升力的總和，大於重力與阻力的總和。一旦風箏升天飛行，就表示這四種力量已經達成平衡。

達文西的四個老師

達文西追求學習經驗，因此是大家公認的天才。他的知識有許多都是自學而來。不過，他生命中最深層的學習，來自實作、創造、好奇與想像等四項特質的結合。達文西從孩提時代到老年，持續展現這些學習特質。

以達文西為榜樣

休息一下，問自己幾個問題：我最感興趣的事情是什麼？我最想知道的解答是什麼？如果有人可問，我想知道什麼？

把這些問題的答案寫進筆記本，然後再加些自己想問的問題。如果可以和達文西面對面，你想要從哪一題開始問他呢？

從挑戰中得到啟發

「Go fly a kite」照字面的意思是「放風箏去」，但是這句英文俗語真正要表達的意思卻是「走開，別煩我」。不過，這幾個字也可能變成科學的啟發。請超越「放風箏」這個單純的動作，想辦法設計屬於自己的風箏。先把你的風箏點子以素描記錄於筆記本，以下是動手做之前要想的幾個問題：

風箏的箏面應該是什麼模樣？列出所有想法，把最喜歡的畫下來。

你要用什麼顏色？強烈的配色包括紅配綠、黃配紫與橘配藍等。

什麼是最理想的箏面造形？箏面的面積會不會影響形狀呢？（參考p.37面積的算法）

創造原型風箏

「原型」是設計的基本形式，也是快速的創作。有了原型，就可以據此想出下一個階段的創造或發明。本計畫要你跟達文西一樣，替想像力蓄滿燃料。

接下來我們體驗的飛行力量，跟NASA飛行員體驗的一模一樣。我們的目標是在30分鐘內創造一個風箏原型，然後在試飛過程中，體驗四種飛行的力量 —— 推力、阻力、升力與重力。

實驗材料與資源

兩根烤肉用竹籤，長度約30公分

剪刀

直尺

黑色麥克筆

數個塑膠購物袋，顏色鮮豔、輕薄，可以透視為宜

透明膠帶或是絕緣膠帶

一條10公分長的風箏線

兩條40公分長的風箏線

迴紋針

額外的風箏線，一個捲線器（也可以用瓦楞紙替代）

製作風箏的空間

1 使用竹籤時，先削去尖銳的部分。

2 把直尺擺在竹籤旁邊，分成四等分，每隔四分之一處做記號。

3 剪開塑膠袋一側與底邊的縫合線，讓袋子完全攤平；剪掉提把。

4 把單層、全新的塑膠面，找個工作桌面攤平。

5 標記過的竹籤，垂直平放；沒有標記的竹籤，水平放置。標記過的竹籤放在沒有標記的竹籤上面。

6 找出竹籤四個頂點，在紙張上做記號。

7 移開竹籤，用直尺與麥克筆，以直線連結四個記號，畫出箏面的邊。四邊畫完後，你得到什麼形狀呢？

8 沿著邊界慢慢剪下箏面。

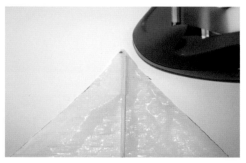

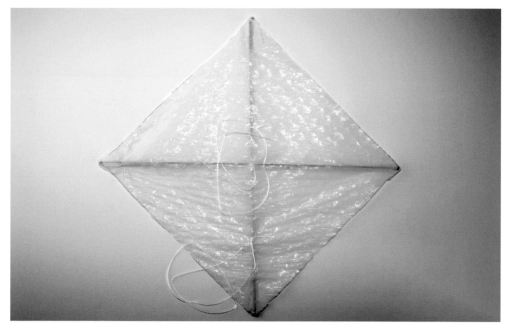

9 把竹籤放回箏面，以5公分長的膠帶固定四個角落。再用膠帶把竹籤固定於箏面。

10 用第一條10公分長的風箏線，綁住竹籤交叉的部分，最後以雙結固定，並且修剪線尾。

11 用剪刀的刀尖，在竹籤交叉的箏面穿洞。把40公分長的風箏線牢牢綁住竹籤交叉處，然後從洞穿出。垂直竹籤的底部往上約7.5公分，以第二條40公分長的風箏線綁住此處。同樣用剪刀在箏面穿洞，把第二條風箏線穿過去。

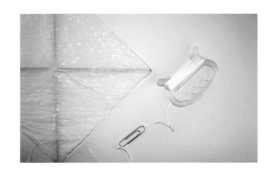

12 兩條線都綁在迴紋針的一端。

13 捲線器的風箏線，綁在迴紋針的另一端。

14 利用剩餘的塑膠袋，製作風箏飄尾。飄尾會增加整體重量，並讓風箏下半部的阻力變大，但能發揮穩定的效果，防止風箏在飛行過程打轉。以下是決定飄尾長寬的方法：

a. 測量風箏的高度，高度乘以8就是建議的飄尾長度。

b. 測量風箏的寬度，寬度除以10就是建議的飄尾寬度。

c. 運用以上的算法，從剩下的塑膠袋剪下數截，每截要預留5公分，好方便頭尾綁起來。

15 把飄尾綁在垂直的竹籤或木釘上。

一旦風箏飛上天，就記錄飛行時間：風箏可以在空中停留多久呢？

想讓風箏線呈現45度角，要花多少時間呢？（再想一想：90度角就是頭頂正上方的方向）

現在就可以測試原型風箏了！找個運動場或空曠戶外，拉出長長的風箏線，迎風跑去！

掌握飛行的四種力量

「力」因為推或拉的動作產生交互作用。決定飛行的四種力，分別是推力、阻力、升力以及引力。你在先前的小節，已經學到阻力與升力。以下將介紹推力及重力如何影響飛行。

推力

推力就是驅動物體的力量，推力的方向決定運動的方向。想想你的風箏：你迎風往前跑，提供了驅動風箏的推力。但是，風箏跟著你移動，還是往反方向移動呢？

同樣的，飛機的引擎向後噴出氣體，產生向前驅動的力量。向後噴氣，形成向前驅動飛機的力量，這就是牛頓的第三運動定律：每一個作用力都對應著一個相等反抗的反作用力。想想看，第三運動定律在日

常生活的實例。舉例來說，如果你的腳踏車向前進，然後不小心撞上護欄且被護欄擋住，接下來腳踏車會怎樣？腳踏車會突然停下來嗎？不會的，腳踏車會向後。腳踏車向前推護欄，護欄則向後反推腳踏車。

重力

重力，是地球吸引萬物的力量、力的方向朝向地心，換種說法就是「重量」。飛行中的物體，重量就是所有物件與承載物體的總重。原型風箏的重量包括：塑膠箏面、竹籤、膠帶、風箏線與迴紋針。

要了解重力在飛行過程扮演的重要角色，想想你的風箏。倘若沒有飄尾貢獻重量、

單靠升力的情況下，風箏會以不受控制的狀態打轉。在飛行過程中，重量的方向與升力相反，也是平衡升力的力量。

接下來測試這個想法：把原型風箏的飄尾取下來。你在控制風箏的過程中，針對升力有怎樣的觀察呢？沒有飄尾的狀態下，你感覺風箏線的緊繃程度是否有差別呢？沒有飄尾的風箏，在空中表現怎樣的狀態呢？

提出問題、形成預測

請發揮好奇心！再端詳風箏的長相，想一想與飛行有關的力量。針對以下問題來回答：

為什麼要選用輕巧的材質製作風箏？風箏一旦離手後，哪些力量因為材質輕巧而發揮效果呢？

你能說明飄尾在飛行過程扮演的角色嗎？

如果讓飄尾更長些，會怎樣呢？

飛機引擎提供推力，驅使飛機向前進。風箏呢？推力是什麼？

讓風箏起飛的時候，你帶著風箏一起跑步，會感到向後拉扯的力量。這個力量是什麼？

你還可以針對原型風箏提出額外的問題。下一款風箏，你會採取哪些修正方式呢？

用氣球測試牛頓的定律

把氣球吹大，用手捏住開口，別讓空氣洩出。接下來，放手觀察氣球。空氣往哪個方向洩出？氣球往哪個方向移動？施加於氣球的反作用力，是否與洩出空氣的作用力大小相同、方向相反呢？

CHAPTER 2

運動不息：運動的科學

MOVING ALONG:

THE SCIENCE OF MOTION

澄清問題與發現解答

物理在運動的動力學中扮演重要的角色。

終其一生，達文西投注心力研究運動的原理。他透過觀察，發現物體的運動、重量以及其他力量相互關聯。「先講運動，」達文西接著寫道，「再講重量，因為重量源自運動；接下來是力，因為力源自重量與運動；然後是衝擊，因為衝擊源自重量、運動且通常源自於力。」

我們跟著達文西的腳步，隨著運動的科學向前邁進……也就是接觸物理學的意思！物理學的定律解釋世界萬物運作的道理，可能因此成為你的最愛。讓我們沉浸在物理的世界吧！

運動的語言

科學的分支都各有各的術語，物理學當然也不例外。舉例來說，「向量」以及「純量」，就是溝通運動的語言。科學家利用術語，讓複雜的概念變得單純。我們利用向量與純量，呈現解題的方法，並在解題的過程中，加入創意！本章接下來會用向量及純量來表述，使解題過程更為可信。

純量只有一個特徵，就是大小。科學家把大小稱做「量值」。純量與「尺度」有關聯，例如「這棟建築物尺度很大！有電梯嗎？或是我們要爬樓梯到第二十層樓？」

向量則有兩個特徵：大小及方向。移動的時候，如果能夠確定方向，就有助於描述運動，而向量就能夠傳達這樣的資訊。

以下兩個例子，區別了純量與向量：

「小美的背包，裝了2.25公斤的書」

這是純量的例子，我們只曉得小美背包中的書有2.25公斤。這個資訊與方向完全無關。小美可能天天都背著背包，資訊的重點是：她的負重有2.25公斤。

「小美每天下課後，背著2.25公斤的書往東走到祖母家」

2.25公斤，向東

本例表示向量，因為透露了大小（2.25公斤），以及方向（向東）。在這個敘述中，移動的方向是重要的。

加速、向前：速度是什麼

談到運動，「速率」是重要的概念。測量速率時，補上特定的方向，速率就改稱為「速度」。回到小美往東走到祖母家的範例，這次她不能遲到！家人希望她最晚在下午3時15分到。小美離開學校時，花10分鐘走1.6公里。如果她想準時抵達祖母家，速率就是關鍵。以上這些敘述，總結起來就是速度。

小美要在10分鐘內走1.6公里，她可以跟旁人解釋：速率就是每10分鐘1.6公里。以下圖示呈現小美的經驗：

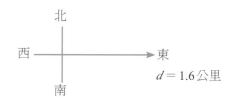

$\vec{v}$ = 1.6公里 /10分鐘，向東
比例尺：1公分 = 0.64公里

圖示要表達什麼意思？請看以下四則訊息：

北、東、南與西，是指北針的方向。

箭頭表示小美行進的方向是正東、移動的距離是1.6公里；距離」以英文縮寫d表示。

字母 $\vec{v}$ 表示朝著特定方向的速度，這是一種向量。也就是說，小美朝著特定方向，以每10分鐘行進1.6公里的速率行進；在無法呈現真實長度的情況下，就以比例尺表示。在圖示中，以1公分表示0.64公里。

位移：物體位置的變化

現在增加另一個運動科學的字彙，那就是「位移」，這是科學家表示物體位置改變的術語，以下圖示表達位移的涵義：

「小美把書堆在桌上，然後將整疊書向右推，離原來的位置1.2公尺遠」

左 ——————————→ 右

1.2公尺

比例尺：1公分＝0.24公尺

物理學家會說：小美搬動書本，造成向右位移1.2公尺。位移包括了量值與方向，因此也是一種向量。完整的說法是：量值是1.2公尺，方向是向右。

注意你的物理用語

如果剛剛的敘述改成「小美把書移動了1.2公尺」，這表示純量還是向量？

如果你不確定，參考右邊的圖表。看著這些純量，問問自己：「這些測量在怎樣的場合會派上用場？」在筆記本寫下答案。若是不了解這些測量的涵義，請查清楚。

接下來，再看看這些向量。在怎樣的時機，需要了解測量的量值與移動的方向呢？行進間的車子？失去控制的滑板？小惡霸快要抵達彈跳公園大鬧一場？炎熱夏日天騎著腳踏車下坡、卻發現輪胎的胎壓可能過高？把答案寫在筆記本上。

純量：表示大小	向量：表示大小與方向
距離	位移
長度	速度
高度	加速度
寬度	推力
體積	阻力
速率	升力
溫度	重量
面積	力量
質量	動量

持續移動的故事

現在請你設計場景，讓純量與向量都入鏡。
你來設定物體的量值、方向與速率，讓物體動起來。
然後，請創造向量圖表。

實驗材料與資源

一起工作的夥伴
你能夠移動的物體，
例如書、球、腳踏
車、球棒等，喜歡什
麼就用什麼
紙膠帶
捲尺
筆記本
鉛筆或原子筆
碼錶、有秒針的手
錶，或是可以顯示
秒數的手機
直尺
指北針
（可用可不用）

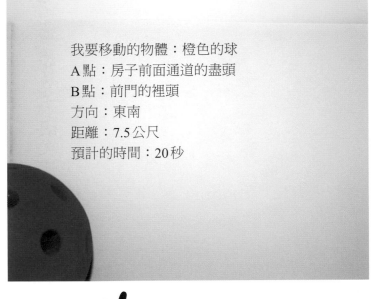

我要移動的物體：橙色的球
A點：房子前面通道的盡頭
B點：前門的裡頭
方向：東南
距離：7.5公尺
預計的時間：20秒

左　　　　　　　右

$d = 12.19$公尺
$\vec{v} =$ 每秒61公分，向左
比例尺：1公分 = 2.438公尺

1 利用下表設計實驗步驟，把每個步驟都記錄在筆記本，這些步驟會形成你的實驗計畫。

a. 選一個可以移動的物體。
b. 用紙膠帶標示起點，也就是A點。
c. 用紙膠帶標示終點，即B點。
d. 記錄物體將要移動的方向。
e. 記錄A點與B點之間的距離。
f. 記錄預計的速率（速率加上方向，稱作什麼？）

3 你是否照著預計的路徑移動呢？
測量距離並記錄下來。

2 開始執行計畫，請工作夥伴記錄
位移時間。記錄你從A點到B點花
了多少時間，你可以控制移動的
速率。

4 敘述位移與速度，你可以這樣
說：「籃球的位移是向左6.1公
尺，速度是每秒1.5公尺。」

5 畫出向量圖表，包括以下事項：

a. 距離的比例尺。你移動的距
離，是紙張長度的好幾倍，因此
有必要用比例尺表示距離。如果
距離以「呎」當單位，比例尺可
以用「吋」；如果距離以「公尺」
當單位，比例尺就用「公分」。

b. 運動的方向，以箭頭表示。

c. 朝特定方向移動的速度，以字母
$\vec{V}$表示。

d. 行經的距離，可用 $d =$ _____
表示，再把距離填上去。

西　　　　　　　　　　　　　　　　　　東

$d = 6.4$公里　　$\vec{V} =$ 每小時6.4公里，往西
比例尺：1公分 = 0.64公里

你完成的圖表為「自由體圖」（free body
diagram），是解決問題的工具，廣為工程
師、物理學家與科學家運用。自由體圖讓
科學家清楚看到問題、快速理解並解決問
題，然後繼續前進。

我們到了嗎？

以下場景呈現一個普遍的問題：

夏天快到了，梅姬在冰淇淋店打工，美味的工作！放暑假時，她通常會搬去和祖母一起住，若騎腳踏車上班，從祖母家前面的花園到店家要10分鐘。但在她還沒搬去與祖母同住之前，需要有人接送她打工，每周三趟 —— 距離是19.2公里，往南。

和店家面試那天，梅姬注意道路限速是每小時48公里。

梅姬想讓經理留下好印象，但是還沒放暑假之前，這三趟載她的家人都不同，她的大哥也是司機之一。糟糕！梅姬想要擺脫壓力與臆測，她決定精準算出搭車需要多少時間。

速度、距離與時間

「同樣速度的物體，離眼睛較遠的，看起來移動較慢，」達文西沉思速度的科學，他繼續寫道：「因此，離眼睛愈近的，看起來愈快。」

接下來，是你精進物理的好機會了。先看看一個日常情景：每天通勤，或因為活動的關係從A點到B點。我們為了運動、聽音樂會、上學或到俱樂部，通常都依賴他人才能抵達目的地。換句話說，我們無法決定抵達的時間。會遲到嗎？會太早到嗎？可否用物理方法預測行程所需時間，還有抵達時刻呢？當然可以！

要找出第三個數字，兩個數字就足夠了

梅姬想要了解位移與時間關係，我們可以幫忙嗎？

速率的算法，是距離除以時間：

$$r = \frac{d}{t}$$

在梅姬這個場景，r 就是每小時 48 公里、d 就是 19.2 公里。因為我們已經掌握三個數字中的其中兩個，已經足夠推敲出第三個數字 t，也就是時間。

距離除以時間就是速率，因此距離除以速率就可以得到時間：

19.2公里/每小時48公里＝時間

19.2 除以 48 等於 0.4。

這到底是多久？1小時有60分鐘，我們要算出0.4小時有幾分鐘。60分鐘的0.4到底是多少呢？

「一個數字的多少」，把「數字」和「多少」相乘就好了；關鍵字是「的」（60的0.4），就是相乘的意思。

所以，0.4×60＝24，表示梅姬需要搭車往南19.2公里，以每小時48公里的速率，耗時24分鐘。

澄清問題

面對問題，先列出已知狀況：

我們曉得梅姬的行程距離嗎？

我們曉得起始點嗎？

我們曉得終點嗎？

我們曉得行程的方向嗎？

我們可以確認某個向量的量嗎？如果可以，那是什麼？

不需要的資訊全部不要

關於梅姬的行程計算，哪些是可以劃掉的資訊？保留需要的資訊即可，把不需要的刪除。

以下是我們需要的事實：車子的航程是19.2公里；方向往南。大小與方向放一起，就是向量了。表達方式如下：

d = 19.2公里向南

車速設定在定速每小時48公里，這是純量還是向量？

算出平均速度

實驗器材與資源

起點與終點,例如
學校或朋友家

固定的行進路線,
以同樣的路線到相
同目的地至少三次

計算距離的方法:
紙本地圖、地圖應
用程式,或是數位
里程追蹤器

碼錶或有秒針的手
錶,以測量精確的
時間

腳踏車、滑板或踏
板車

指北針

筆記本

鉛筆或原子筆

計算速度就跟發射南瓜(Pumpkin Launch)與後空翻一樣有趣

讓物理變得有意思,就跟梅姬計算行程一樣有趣。利用前面的方程式,可以解決許多問題:

$$r = \frac{d}{t}$$

請你展開三次旅程,利用相同的路徑、到相同的目的地,蒐集到的資料就可以算出平均速度。請蒐集以下的資料:

a. 行進的距離。

b. 行進的時間。

c. 行進的方向。

運動如何產生？

達文西除了研究鳥類，他對蜻蜓的盤旋或飛行方式也情有獨鍾。他曉得，蜻蜓的兩對翅膀可以不同的方式拍動。蜻蜓要得到升力，必須將翅膀垂直下壓。有些時候，兩對翅膀同步擺動；其他時候，前面這對翅膀與後面那對翅膀各自擺動。達文西僅憑藉肉眼，就能觀察到翅膀細部的動作！他甚至在筆記本畫出機械裝置圖，希望發明機械來複製蜻蜓拍翅的動作。

1 完成旅程後，把資料記錄在筆記本上。

2 把所有的速度資料加起來，然後除以旅程次數，就是平均速度。

	旅程1	旅程2	旅程3
行進的方式（騎乘腳踏車或是走路）			
出發時間			
抵達時間			
總共花費時間			
行進的距離			
行進的方向			
行進的速度			
額外補充資料（例如天候或其他影響時間的資訊）			

平均速度：＿＿＿＿＿＿＿

小撇步：
距離除以時間的時候，請記得：1小時有60分鐘、1分鐘有60秒。

讓我起飛！

建造一隻能飛的蜻蜓！

這隻蜻蜓將是會旋轉起舞的創作，翅膀的設計也將是獨一無二。

請用你的雙手，探索位能與動能。

實驗材料

30公分長的12號鐵線，或是兩個大型迴紋針

尖嘴鉗

小枝水彩筆或直徑3至5公釐的木釘

小條橡皮筋

翅膀的模板（請見下一頁）

一張或多張21.6公分×28公分大小的輕磅卡紙

鉛筆

剪刀

色鉛筆或麥克筆

玻璃紙膠帶或透明打包用膠帶

直尺

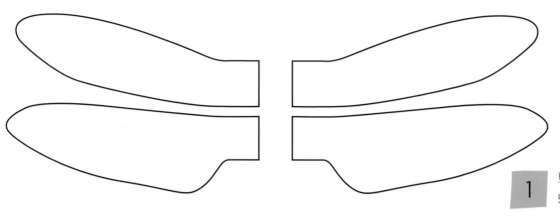

利用左邊畫好的模板，當成蜻蜓雙翼的輪廓。

1　剪下一條10公分長的鐵線，作為蜻蜓的上翼支架；再剪下一條14公分長的鐵線，待會將成為蜻蜓的下翼支架。

2　把14公分鐵線的中央繞著鉛筆的筆尖，成一個圈環。以圈環當作頂端，將兩條尾巴似的鐵線向下彎折使其平行。

3　將兩條尾巴的底端向內彎折，變成兩個鉤。接下來的步驟，橡皮筋會繞著鉤子。

4　利用10公分的鐵線製作上翼支架，請依照以下方式：

a. 鐵線中央繞著水彩筆或木釘，尾端交叉形成圈環。

b. 把橡皮筋塞進圈環。

c. 把圈環塞進14公分鐵線的圈環，並將兩尾向外彎折，形成上翼支架。

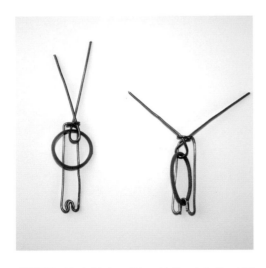

5 橡皮筋向下拉，鉤住下方的兩個鉤子；這樣一來，橡皮筋就會連結上下方的鉤子。

6 把卡紙放在模板上方，描出上下翼輪廓，然後沿著輪廓剪下來。

7 要裝飾雙翼了！你可以根據蜻蜓雙翼的圖案依樣畫葫蘆，例如右圖的小斑蜻、閃藍色蟌及橙斑蜻蜓，或從中得到靈感。

小斑蜻
（four-spotted chaser, *Libellula quadrimaculata*）

閃藍色蟌
（banded demoiselle, *Calopteryx splendens*）

橙斑蜻蜓
（blue dasher, *Pachydiplax longipennis*）

讓蜻蜓飛起來

1 把上翼黏在頂端向外開展的支架，然後把下翼貼在與橡皮筋平行的支架上。

2 左手抓緊蜻蜓底部，右手食指輕輕的扭轉上翼，大約扭40圈。

3 放手後，上翼旋轉，會讓蜻蜓動起來。

你的蜻蜓具備動能與位能

向別人解釋來龍去脈，通常自己也會更了解原理。這隻蜻蜓，從頭到尾都是你打點包辦完成，如何解釋它背後的運動原理呢？

扭緊橡皮筋而不鬆手，也就是以手指抓住上翼，同時不斷扭緊橡皮筋。此時，蜻蜓的位能愈積愈多。繼續扭緊，還不要放手，同時想想其中的原理。

上翼蓄勢待發，目前位能儲存在橡皮筋；橡皮筋有能力運動，但是暫時按兵不動。橡皮筋除了有位能，還有彈性位能，意即你一旦鬆手，橡皮筋就會彈回起始狀態。橡皮筋暫時不會有動作，直到你鬆手為止。

想清楚原理後，就可以鬆手了！鬆手那一刻，位能轉變成動能；運動中的物體具有動能。以你的蜻蜓當例子，蜻蜓會動、上翼也會旋轉，這都是動能的展現。扭轉橡皮筋，就是儲存彈性位能；放手時，位能立刻轉換成運動需要的動能。

定義運動定律

我們無法違背運動定律，以下是第一運動定律：

「靜止中的物體會保持靜止，直到某個力量作用在物體為止。同樣的，運動中的物體會保持相同運動狀態且以直線行進，直到某個力量作用在物體為止。」

1642年出生的英國科學家艾薩克・牛頓爵士（Sir Isaac Newton），定義了引力與運動的定律，這兩個定律是現代物理的核心原則，形塑了我們對於科學與物理學的認知。

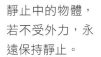

靜止中的物體，若不受外力，永遠保持靜止。

物體受到相互平衡的作用力，也會保持靜止。

物體受到不平衡的作用力，運動或方向都會改變。

速度為零

根據牛頓第一運動定律，除非物體的作用力不相同且無法抵消，否則移動中的物體會保持相同的速度。如果物體本來就處於靜止狀態，速度會是多少呢？

答案是零，但是牛頓的運動定律仍然可以解釋。作用在物體的力量，讓物體產生移動；你的蜻蜓上翼原本不動，此描述仍然適用。因為靜止中的蜻蜓，上翼旋轉的速度是零，直到你扭動橡皮筋為止。

讓牛頓第一運動定律動起來

一起探索力與運動。

實驗材料與資源

一位夥伴

大球，如左下圖。

能夠讓球運動且改變運動的大空間

1 你和夥伴面對面，然後把球擺在你們中間。讓夥伴把手放在球上，掌心對著你。你的手掌也照樣放在球上，現在你們兩人的手掌對手掌。

2 以同樣大小的力互推，當兩人的力量相等，球就保持靜止；球的運動狀態並沒有改變。

3 讓夥伴出全力、你出少力（確定改變運動狀態時，所在的場所是安全的），這時兩邊的力量不同，球會開始運動。這就是力量不平均且不等量的例子。

你已經體驗完牛頓第一運動定律了。

等等！如果球速慢下來，跟怎樣的力量有關？

根據牛頓第一運動定律，物體的運動狀態不會改變，直到力量作用於物體為止。如果是這樣，一顆向上拋擲的球，應該不停的往上，除非有力量將球向下拉或是帶往其他方向。結果球會怎樣？哪種力量讓球停下來？

我們看不見力量，但是確實有力量作用於球。第一章讓你體驗飛行的四種力量，你曉得物體和空氣分子碰撞。球的表面與空氣分子產生摩擦力，因此產生阻力，這讓球的運動變慢。除此之外，還需要考慮另一種力量：地心引力，一種把球向下拉的力量。

水球與數學

從某個高度把物體丟下來，物體會加速到每秒多少公尺呢？在本章節，你要使用科學方法並記錄蒐集到的資訊。另外，你也會體驗丟水球的樂趣。

定義質量

達文西的筆記，記錄了目前物理學家稱為物體「質量中心」的研究 —— 當時他稱為「重心」。達文西透過觀察與測試，發現物體掉落時，速度與時間有著線性的關係；他的看法是對的。

設計一個實驗並且預測：大顆水球（裝水較多、體積較大），會不會比小顆水球（裝水較少、體積較小），更早落到地面？你的預測，就是實驗的假說。

先以質量的角度，看待物體的大小。質量，就是物體由多少物質組成。問問你自己：質量與重量的差異是什麼？回想第一章學到的四種影響飛行的力量，並且切記：重量就是地球的重力拉下物體的力量，物體也包括你我。地球和你，哪個質量大？地球和水球呢？當你形成本實驗的假說時，比較水球與地球的質量。

伽利略與引力

從文藝復興到現代科學的道路上，伽利略‧伽利萊（Galileo Galilei, 1564-1642）是另一位聰穎的博學家。伽利略涉獵的範圍很廣，包括引力、速度與自由落體。據說他曾經把兩顆不同重量的砲彈，從比薩斜塔自由落下，以探討物體的加速度。

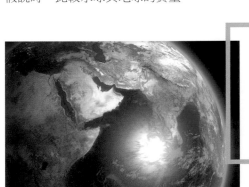

地球的引力，將物體吸往地心。為什麼地球有引力？答案是地球的質量。

拋下水球：
引力造成的加速度

不同質量的物體從相同高度掉下，加速度的變化如何？
我們一起體驗看看。大小水球各掉落三次，單獨測量每次水球掉落的時間。

實驗材料與資源

一兩位夥伴

六個氣球：三個小型氣球、三個大型氣球（比小型氣球大很多），都要適合裝水

水，以水龍頭或水管供應皆可

戶外場地，讓氣球掉落無安全之虞

安全的高處（如果使用梯子，確定地面是平整的硬地）

捲尺或直尺

筆記本

鉛筆

1　決定從哪個高處把水球拋下；測量拋下處到地面的高度。

2　把氣球裝滿水，直到不能再裝、接近脹破為止。

3　決定誰拋下水球、誰測量時間並記錄，請事先溝通。負責記錄的夥伴，確定水球不會砸到人，並且喊聲「下方已經淨空無人」，才能讓水球拋下。

4 一切就緒了嗎？如果你負責拋下水球，那麼先拋小的！如果你負責記錄，記錄從水球拋下起到落地那刻的時間。

5 小水球拋完後，以同樣的步驟拋大水球。

6 大、小水球重複步驟3到5，大水球和小水球的數據不要弄混。

7 計算大水球落地的平均時間（三次時間加總，再除以三）。

8 計算小水球落地的平均時間，把數據全部記錄下來。

數據分析

假裝走進達文西的工作坊，思考接下來如何以科學方法處理。你已經蒐集到數據，可以套用公式求出速度。不管大小水球，公式都一樣。請記住：每個物體在開始掉下前，起始的速度都是零。物體在拋下前，並沒有任何的運動，因此速度為零。

接下來你需要曉得的是：

地球的重力加速度是每平方秒約9.8公尺，科學家寫成約9.8 m/s²。「平方秒」怎麼來的？那是因為自由落體在空氣中，速度每秒會增加9.8公尺。

這個想法為什麼重要？因為任何自由落體當下的速度，都等於地球上的重力加速度乘以當下到開始掉落的時間

達文西

伽利略

愛因斯坦

你

貼上你的相片

科學家把速度縮寫成 v，重力加速度的縮寫是 g，時間的縮寫是 t。所以公式就是：

$$v = g \times t$$

請利用這個公式，算出物體掉落的速度，大家將會認為你是物理界的未來之星。

萬有引力定律就是定律

小水球有質量，大水球也有質量；你有質量，我也有。不論物體或每個人的質量多少，大家掉落的加速度都一樣：每平方秒9.8公尺，這是地心引力的關係。因為萬物都對地球有作用力，地球就主宰著引力。為什麼呢？因為地球的質量是萬物之冠，而質量決定引力的大小。

確定實驗的結果

1　小水球落地的平均時間乘以9.8，就是小水球落地時的速度，公式為：$9.8 \times t = v$

2　大水球落地的平均時間乘以9.8，就是大水球落地時的速度，公式為：$9.8 \times t = v$

3　比較大小水球的平均速度。

不管質量大小，每個物體的加速度都一樣

你發現了什麼？水球的速度會因為質量不同而不同嗎？還是都一樣？

重新審視先前的預測，你的假說正確預測了不同質量的速度比較嗎？如果需要，修正先前的預測。你也可以進行額外的實驗，預祝實驗愉快。

美國太空總署從地表發射火箭，火箭的速度必須克服地心引力，才能進入外太空預計的軌道；這真的需要龐大的動力與速度！航空科學家也都曉得，物體離地球愈遠，地球作用於物體的引力也愈小。

浮力

「排開」，就是把東西趕走。接下來的實驗，要讓你體驗趕走液體以及引發的力量，這個力量又稱為「浮力」。

「船浮在水上，被船趕走的水的重量，就是船本身的重量。」達文西這樣寫道。他曉得阿基米德原理（詳見右圖說明），也知道物體在水中的重量，要比在空氣中的重量來得少。

古希臘數學家、科學家兼發明家阿基米德，定義了浮力。據說他在澡盆泡澡時，發現浮力的存在，如圖中雕像所示。因此浮力也常與阿基米德原理並列。

一起動手玩

排開水的實驗

進行計畫的時候，請觀察冰塊：
冰塊會浮在水面嗎？一桶冰和一桶水，哪個重？
請先預測，並把預測記錄在筆記本。

1 利用尺，從杯緣向下量6.4公釐，然後貼上便利貼標記。

2 將量杯裝滿水，並且記錄水的體積。

實驗材料

兩個透明玻璃杯
直尺
兩張便利貼
自來水
兩個500毫升量杯
盤子，讓兩個杯子能並置於盤中
相同大小與形狀的冰塊
湯匙
去殼杏仁
毛巾，擦乾水漬用
筆記本
鉛筆

5 將冰塊小心的放進其中一個玻璃杯；用湯匙一個一個放進去。

3 將玻璃杯並排在盤子上；把量杯的水倒入玻璃杯中，直到便利貼的位置。

4 記錄玻璃杯的水量於筆記本。

6 數數看，杯中的水溢出之前，可以加入幾個冰塊？記錄結果於筆記本上。

7 觀察杯中的冰塊：冰塊浮在水面上嗎？你怎麼解釋冰塊和水的關係呢？記錄結果於筆記本上。

8 現在處理第二個玻璃杯：以放進冰塊的方法，將杏仁一個一個放進去，直到水溢出為止，記錄杏仁的數量。

檢視浮力

杏仁在水中不是浮體，但是依舊受浮力影響。不過，沉到杯底的杏仁，如何受浮力的影響呢？其實浮力的另一個英文講法是「upthrust」（向上推），力的方向與引力相反。

浮力既然向上推著杏仁，杏仁為什麼還是沉到杯底，沒有浮上來？

水（自來水，非鹹水）的密度是每立方公分1公克。因為玻璃杯與量杯的容量較小，我們就用數字較小的單位，也就是水的密度為每立方公分1公克。

想像一下：一顆1立方公分的杏仁，排開1立方公分的水，因此得到1克的浮力。杏仁依舊沉入杯底，可見1立方公分的杏仁，重量超過1克，記錄這則資訊：同樣都是1立方公分，杏仁比水重。

有了這則資訊，對於冰塊，你有怎樣的結論呢？冰是水的固態，倒入杯中的是水的液態。兩者都是水，接下來會怎樣呢？

各種因素的關聯

把冰塊或杏仁放進水中，兩者都會排開水。澡缸蓄水，你跳進澡缸，然後呢？水平面會上升，甚至有些水會溢出來。你的身體會排開水，排開水的重量就是你在澡盆受到的浮力。就算你只有部分身體在水面下，仍然會受到浮力的作用。地心引力把你向下拉，但是浮力與引力對抗、讓你向上浮起。讓你推著向上的浮力，大小就跟你排出的水的重量一樣。

有一個範例可以參考，就是冰塊排出的水量，也就是玻璃杯裝滿的容量（0.5公升）減掉尚未放入冰塊的水量。冰塊排出的水，重量與杯裡冰塊受到的浮力相同。冰塊放進杯裡，會占據水的體積，因此就把些許的水趕上去。

體積是三次方的測量
1立方吋就是長、寬與高都是1吋的立方體所占的空間；1立方公分，則是長、寬與高都是1公分的立方體所占的空間。

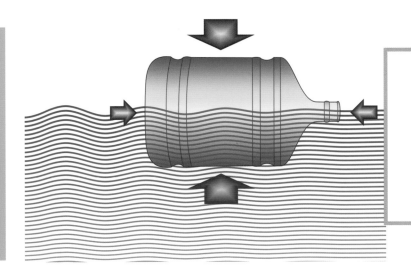

浮力從四面八方推向物體，但是最大的浮力，則是從物體沒入水中最深處推向物體底部。浮體不會繼續下沉，因此所受的浮力與引力相當。

同樣的體積，冰比水來得輕。怎麼解釋呢？

答案在水的分子，以及水分子在冷凍狀態下的結構。水分子結凍時，會形成整齊、距離拉開的結構。相較之下，液態的水分子比較緊密。請想想看：在同樣空間的條件下，冰的分子較多，還是液態水的分子較多？

其實，這就好比把人塞進車子：如果邀請較多朋友搭便車，人數比平常舒適乘坐時還多，這樣所有人都不會被放鴿子！這好比液態水分子的狀態 —— 大家都等著搭車，因此每個人占有的空間就變小了。

結論

同樣的體積，液態水的水分子比冰的水分子多。水分子較多，表示液態水的緊密程度較高，也比較重。因此同樣的體積，冰比水輕，這是冰的水分子較少的緣故。冰不需要全部沉入水中，排開的水就足以支撐重量，因此會浮起來。

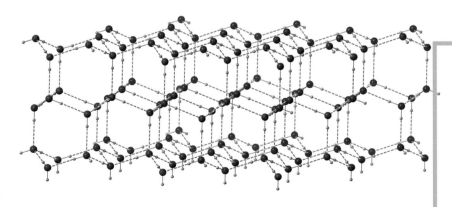

冰凍的水與液態的水相較，分子之間距離較大，因此同體積的情況下，冰凍的水的水分子較少。左圖中，紅色表示氧原子、較小的氫原子是粉紅色，每個氧原子都有兩個氫原子在旁邊，三個原子組成 V 形的結構，這就是水稱為 H_2O 的原因。

CHAPTER 3

能量的流動：
光、風以及電磁場

ONE ENERGY SOURCE FLOWS
TO THE NEXT: LIGHT, WIND, AND
ELECTROMAGNETIC FIELDS

能量造成的世界

彩虹、跳繩與藍天，這些都是開始了解能量的好主題。首先要知道，能量可以改變形式。舉例來說，能量可能先以風能的形式出現，然後變成了電能。能量無法消失毀滅，也無法增補重生；能量只能轉換形式。現今宇宙所有的能量，也是未來能量的總和。

達文西曉得空氣（風）的能量和水波的能量有關，兩者又都與太陽的能量有關。波動可以在水裡、陸上與空中傳播，他對此深深著迷：「水波從生成點快速遠離，但是水並沒有改變位置，就像五月清風拂過麥田一樣。你看到麥浪經過，但是麥穗還是在原本的位置。」

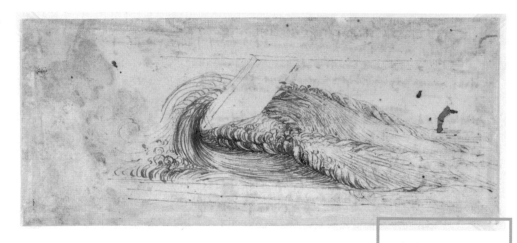

能量從一種形式轉移到另一種形式，科學家稱這種現象為「能量守恆」。「守恆」具有守護的意思，好比說「守護這項資源，資源就只有這麼多」。能量的資源就這麼多，這是事實；更進一步來說，這也是定律 —— 熱力學定律。熱力學是研究熱反應與能量的科學。

彩虹、跳繩與藍天，該放在熱力學的哪個角落呢？讓繩子以波動舞動起來，是解釋電磁波光譜的好範例，就先從跳繩開始吧！電磁波，也是彩虹與藍天的起源。接下來，你要縱身跳入一起動手玩的實驗中，體驗能量守恆。

波動與水流讓達文西著迷，此畫作完成於1510年左右。

興風作浪

雙手抓緊跳繩的一端，手臂上下擺動，讓繩子跳起波浪舞。不管你身在何處，現在就被無所不在的能量波動撞擊著，而跳舞的繩子就是能量波動的絕佳模型。這些能量波動就是電磁波——真的是透過磁場與電場的緊密關係產生的。打開電燈開關、收看電視、收聽收音機、使用微波爐、以手機互相溝通等，利用的能量都是電磁波。電磁波以波浪的方式傳播，如同跳繩產生的波浪一樣；電磁波的速度如同光速。

電磁波的波長很廣泛，通稱為「電磁波光譜」。無線電波、微波、紅外線、紫外線、X射線以及伽瑪射線，在光譜中都有特定的範圍。以流動的粒子或光波呈現的能量，波長愈短，能量就愈大。

可見光譜代表電磁光譜中，人類肉眼可見的部分。請注意下圖，可見光根本就是彩虹的顏色！彩虹的七種顏色，在光譜中對應特定的波長。

電磁波光譜

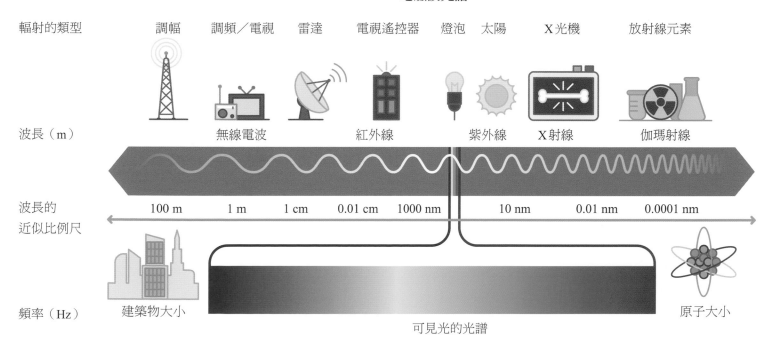

輻射的類型	調幅	調頻／電視	雷達	電視遙控器	燈泡	太陽	X光機	放射線元素
波長（m）		無線電波		紅外線		紫外線	X射線	伽瑪射線

波長的近似比例尺

100 m	1 m	1 cm	0.01 cm	1000 nm	10 nm	0.01 nm	0.0001 nm

頻率（Hz）　建築物大小　　　　　　　　　　　　　　原子大小

可見光的光譜

以彩虹的顏色書寫

不同波長的色光，會有怎樣的表現？我們一起體驗看看。在本實驗中，你會用可見光中的幾種顏色來寫字。每種顏色都有不同的能階。不同顏色（不同能階）的色光，投射到夜光紙的時候，會有什麼反應呢？請把你的預測寫在筆記本中。

實驗材料

小型LED手電筒：紅色、藍色與紫色各一個

夜光紙或銀色布膠帶擇一，貼在厚卡紙上（12.7公分×17.7公分）

筆

普通的手電筒

筆記本

1 打開紅色LED手電筒，把手電筒當成筆，投射在夜光紙上，會產生怎樣的效果？

2 接著以藍色光做測試，再以紫色光做測試。

3 你看到什麼？每種色光和夜光紙之間，交互作用有什麼不同？

4 最後，以普通的手電筒照射夜光紙，光產生的反應又是什麼？

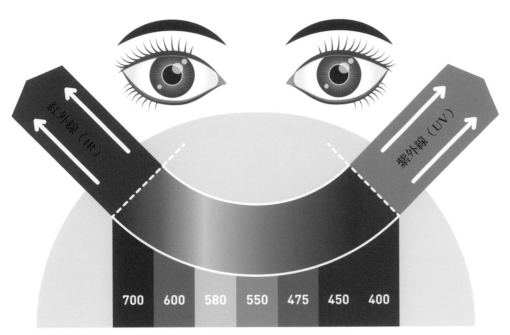

波長以奈米（nm）當單位

原子中的能量

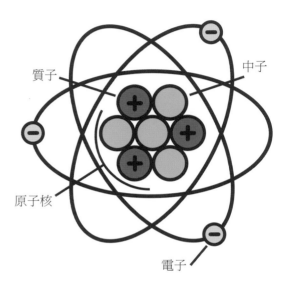

質子

中子

原子核

電子

顏色也有能量喔！

每種顏色的波長，以奈米為單位表示長
度。紅光的位置在700奈米，能量最低（1
奈米是1公尺的十億分之一）。在波動的世
界，長就是少 —— 波長愈長，能量愈少。
藍光的能量比紅光的能量強，波長也比較
短。紫光的波長只有400奈米，在可見光
中能量最強。

在這個實驗中，紫光最明亮，因為紫光的
高能量驅使夜光紙的電子產生反應。怎樣
的反應呢？讓電子跑到較高的能階！藍光
與紫光在光譜的藍色端，屬於較高能階的
光，兩種光的能量會傳遞給夜光紙的電
子，讓電子處於激發的狀態。等到激發狀
態過了，電子會回到原本的能階，並且放
出電磁輻射。我們看到的電磁輻射，就是
藍綠光。

一起動手玩
與電子共舞

把原子比喻成一個大家族，成員有質子、電子和中子，電子就像行徑不可預測的成員。電子隨時跳動著並離家出走，一會兒卻又回來，就是不打聲招呼。

1 倒一點米香粒到碟子裡，薄薄一層就好。

2 將氣球吹大後，開口處綁緊。用你的頭髮或羊毛布，快速來回摩擦氣球表面。

3 慢慢推開氣球，如果頭髮夠長，還可以看見髮絲仍然吸住氣球；你也可以說：髮絲站起來了！

4 把氣球擺在米香粒上方，米香粒也會站起來。左右移動氣球，讓米香粒「跳舞」。

實驗背後的科學

米香粒跳舞與頭髮站起來，到底是怎麼回事呢？

原來是電子的運動，讓你的頭髮與米香粒站起來。我們來瞧瞧電子運動的效果。你抓著氣球摩擦頭髮時，電子從頭髮跑到氣球。接下來，氣球在米香粒上方時，帶著負電荷的電子，吸引著米香粒的質子，因為質子帶正電荷。

氣球在米香粒上方左右移動時，等於是告訴電子要做什麼，而你也真的看到電子存在。

相反才會吸引

米香粒被氣球吸住而站起來，這時電子從氣球跑到米香粒表面。為什麼？先前你利用頭髮讓氣球帶了負電，電子則被帶正電的質子吸引。就像青少年參加情人節舞會，終究會離開朋友，走向異性邀舞。電子也會離開帶有負電的粒子，移往相反電荷的粒子，也就是質子。等到米香粒從氣球表面掉落，電子又重新回到氣球。舞會結束，該回家了。

彩虹是怎麼形成的？

大雨當下或過後，如果太陽露臉的話，就有絕佳的機會看到彩虹。彩虹的每種顏色，代表可見光的不同波長，因為角度的差異而反射。紅光的波長最長；紫光在光譜另一端，波長最短。彩虹出現，等於展開以下的奇妙過程：

1. 光線從空氣進入水滴而折射（光線彎曲的意思）。光線受到折射，速度就慢下來。
2. 折射後的光線碰到水滴另一面，產生反射。
3. 最後，反射的光線離開水滴再次折射，並進入空氣。

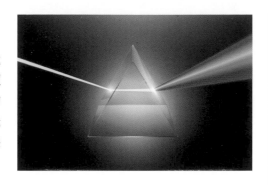

每滴水都是三稜鏡

陽光穿透三稜鏡後，看起來光是白色的。但是牛頓在1665年證明白色的光其實由彩虹的所有色光組成。牛頓讓光線射入三稜鏡，讓光線產生偏折，分出了光譜中的可見光。牛頓為了證明他的立論，特地用另一個三稜鏡讓分開的色光又「混合」成白光。

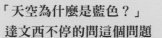

「天空為什麼是藍色？」 達文西不停的問這個問題

想像一下，眼前有一塊平整藍色的床單。床單宛如地球的大氣層，大氣層由空氣組成，從太空的邊緣延伸到地球表面。空氣大部分由氮與氧構成，這就是天空湛藍的關鍵。因為氮與氧分子會散射光線，在可見光的光譜裡，藍光的波長較短、能量較高。陽光中有各種可見光，但是與其他色光相較，氮與氧散射更會散射波長較短、能量較強的藍光。

義大利阿爾卑斯山脈有座羅莎峰，達文西登頂後，針對「天空為什麼是藍色」的問題，找出解答。他正確地指出：「溼氣會捕捉陽光的光線，而空氣透過溼氣中的微小顆粒接收了藍色。」

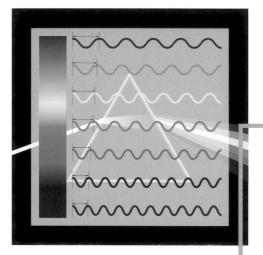

光線的能量愈高，波長愈短。藍色系的光線，能量最強。每種色光的波長都不同，因此各自以不同角度通過三稜鏡。

建造迷你風力發電機

捕捉風力、產生電力，你也可以節能喔！在本計畫中，你要動手做出風力發電機，過程包括製作不同造型的扇葉，以便測試發電的效能。你做出的迷你風力發電機，和真實的風力發電機一樣，都根據同樣的原理運作，更是能量互換的好示範。

在今日世界，科學、工程、藝術與設計往往跨領域交融，以滿足能源的需求，本計畫就是最佳示範。

實驗材料與資源

卡紙（用來做成風力發電機的扇葉，請選用色彩豐富或裝飾性高的卡紙，或者你也可以自行設計扇葉的顏色或樣式）

直尺

剪刀

牙籤

紙膠帶或透明膠帶

軟木瓶塞

迷你1.5-3V馬達（模型專賣店或網路有售）

鱷魚夾

三用電表

鉛筆或原子筆

筆記本

風大的日子（如果當天平靜無風、又渴望測試新出爐的風力發電機，可以用電風扇或吹風機產生風力 —— 這時要記得，你用電力吹動風力發電機，再產出電力）

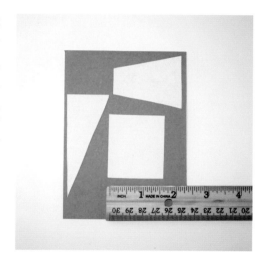

1　測量並從卡紙割下扇葉，最少完成一套三到八片形狀相同的扇葉。扇葉的造形可以是圓形、長方形、直角三角形，甚至梯形！舉例來說，一套長方形的扇葉，可能包括四片，每片的規格約為3.8公分×5公分。

2　為了方便測出特定時間扇葉的轉數，每片扇葉都用不同顏色。設計不同造形的好處，在於有機會測試哪種造形可以產生最多能量。

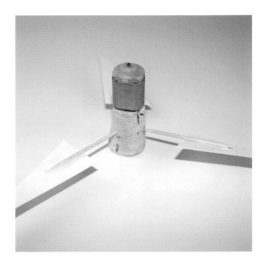

3 以牙籤黏住扇葉中央，從扇葉突出約2.5公分。將牙籤刺入軟木塞，沿著圓周平均分配位置。

4 調整扇葉，讓扇葉的角度都相同。

5 用牙籤在軟木塞頂部鑽個小洞，塞入馬達的轉軸。

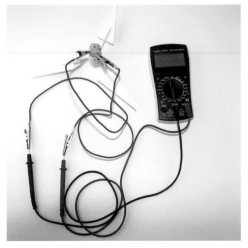

6 走到戶外，讓風力發電機迎著風。測試扇葉是否轉動順暢，然後測試發電效能。按照上面的步驟，迎著風就可以發電了。這樣的設計，正式名稱是「上風式風力發電機」。

7 將馬達的一個接頭接上鱷魚夾，另一個接頭接上三用電表的探針。

11 哪種狀況在風勢最弱卻可以產生最大的能量？觀察角度、扇葉設計以及扇葉數目，看看哪種設計產出的能量最大。扇葉與風速，將決定產生電力的多寡。

12 如同第一章說明飛機設計時提到的，空氣分子也會通過葉片表面並造成摩擦力。如何將翼型的概念應用於扇葉，並且運用氣壓與運動的原理呢？

8 調整電表設定，如上圖：將選擇旋鈕轉到直流電（DC）範圍，在這個範圍內，選擇鈕對應的就是電壓。將選擇鈕設定在20V。

9 讓風力發電機迎著風吹，並連結三用電表，注意產生的電壓，把電壓記錄於筆記本上。

10 根據機械設計，測試風力的運用效率。調整扇葉角度，再測試產生的電壓。這樣的改變，對風力發電機的效能有怎樣的影響呢？

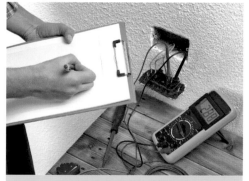

方便的三用電表

三用電表，其實功能「多用」。三用電表可以測出本計畫的電壓，你剛剛已經發現了。

設計電路的時候，萬一電路不通，就有必要測量電池的電能，這時三用電表是不可或缺的工具。三用電表除了測試電壓，還可以測出電流與電阻。待會兒，你操作p.81的創意電子科技的時候，就會體驗三用電表的種種妙用。

風力幫助地球

風力驅動風力發電機，進而產出電力。風力發電的科技，可是持續發展呢！風力發電機的改良，促使全球使用量增加，但是依舊有進一步改良的機會。這樣不啻暗示風力發電機的發展相當誘人，也讓你有動機發展科學與創新的天賦。

在製作與測試風力發電機的過程，你賦予能量定義，而科學家認為能量就是可以工作的能力。在第二章〈運動不息：運動的科學〉中，你體驗了動能，動能也可說是運動的能量。現在，你又理解了儲存於流動空氣中的動能。

有些科技能將再生
能源轉換成電能，
風力發電機就是其
中之一。

風力發電機的扇葉捕捉風力，並且將風力
傳導到馬達。接下來，馬達中的機械能與
能量轉變成電能。這真是完美的能量守恆
範例。

有了這些經驗，然後以最少的風力設計出
發電量最高的風力發電機，這為什麼很重
要？風力是再生能源，對此你能提出相關
問題、展開進一步的學習嗎？

請把你的想法，用畫的或寫的方式記錄於
筆記本。

達文西曾經設計裝
置來測量風與水的
速度，右圖是該裝
置的仿製品。

電磁場

電磁場有幾個要件，我們現在全找出來。要建立場域，先要應用發電機的原理，產生電磁波。發電機有兩個元素：稱為「電樞」（armature）的線圈與磁鐵。現在，你應該有點概念了，就是結合電與磁，才能產生電磁場。

銅是電流的良好導體，這表示兩個重點：第一，發電機用來傳導電流的組件，是銅線繞成的線圈；第二，電子要動起來！電流就是電子的流動，電子在場域中會被磁鐵牽引。

以下是本計畫的核心問題與科學觀察要點：

銅線中的電子，會因為你讓銅線在磁鐵周圍移動而流動嗎？
另一方面，導線中流動的電子，是否會使磁鐵周圍產生磁場？

接下來的一起動手玩實驗中，你將發掘問題的解答。

電場與磁場緊密的交互作用，形成了 —— 你猜都猜得到 —— 電磁場。19世紀時，英國的麥克斯威爾已經預測出電場與磁場之間的交互作用。

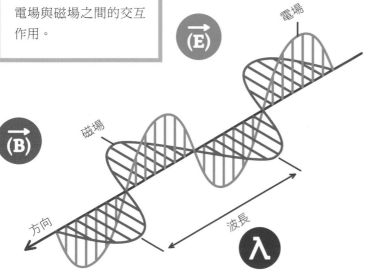

詹姆士・克拉克・麥克斯威爾（1831-1879），英國數學、物理學家，定義出電磁理論。他的科學貢獻，足以與愛因斯坦及牛頓平起平坐。

製造發電機
（以及電磁場）

在本實驗中，你提供能量來移動磁鐵與線圈。大型發電機有動力轉動線圈或磁鐵。某些情況下，風力被扇葉捕捉後，用來驅動馬達以產生電力，如同你在上一小節體驗的過程。其他情況下，驅動的力量來自水力，或核反應及化石燃料產生的蒸汽。

實驗材料

1公尺長的銅線（裸線）

鱷魚夾

棒狀磁鐵

三用電表

硬紙管

筆記本

鉛筆或原子筆

1 以銅線纏繞紙管約20圈。

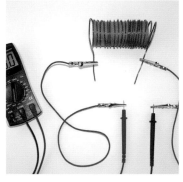

2 以鱷魚夾連結銅線兩端到三用電表，電表旋鈕設定在直流電（DC）範圍中的200mV或最低電壓。

3 磁鐵放在線圈附近移動（不是在紙管內移動），注意電表顯示的數字，把結果記錄在筆記本。拿著磁鐵以各種方向在線圈附近移動，並且注意電表數字變化。

4 把磁鐵放進紙管內，接著以不同速度來回移動。

自問自答

改變操作方式：如果把線圈放在磁鐵上頭移動，會怎樣？磁鐵保持不動，又會怎樣？三用電表的讀數最高的時候，磁鐵在哪個位置？

告訴電子怎麼做

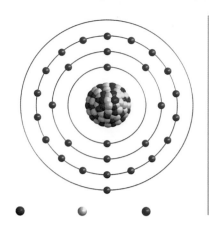

當電子的老闆

告訴流離電子要做什麼，就可以產生電流。

距離原子的原子核最遠的電子，稱為「價電子」（valence electrons）。與其他距離原子核較近的電子相較，價電子脫離原子核形成電流所需的能量比較少些。以下計畫中，你將縫製一條電路，讓電子接受指示，進而點亮LED燈。你還有機會把設計的電路，縫進身上穿戴的行頭，例如背包、運動衫或帽子。你的新款電路設計，不僅可以穿戴，還可以清洗，只是在清洗前記得取出電池！

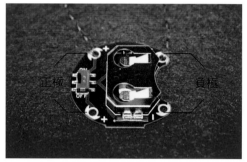

正極　負極

想像電流的流動

當你利用電子紡織品製作電路，等於要電子離開電池，展開旅程並且移動到開關；開關就是控制電流的裝置。電流的路徑，還會藉由導電的纖維抵達開關的另一頭，途中經過簡稱LED的發光二極體（light-emitting diode）。這樣一來，你駕馭電子並且控制其運動。

LED發出單一波長的單色光，波長如同可見光光譜的波長。電流經過LED，這種發光裝置就會亮起來！

你挑選來製造電路的材料，導電的功夫都很不錯。導電材料包括幾種金屬，例如鎳、不鏽鋼與銅。

給電子指示

電池座或LED本身，都有正極與負極的位置。正極與負極是獨立的電極，分別以＋與－表示。電子裝置有正極與負極，這樣的裝置稱為「極化」（polarized）。正極與負極，可說是完全相反的。

你在製作電路的過程中，要讓正極與負極分開。這等於是指示電子如何移動並點亮LED。電路表面原子的電子，在你的指示下，將會一個接一個串流起來。

創意電子科技

製作一條電路，簡單又來電！

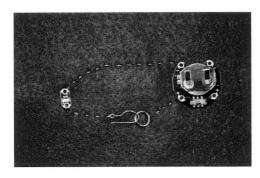

電子紡織串起了電學、工程計畫與實作，激發了美學、藝術與設計的專注，可說是STEAM的亮點。電子紡織甚至可以發展成程式碼撰寫，或是新創產品。

開始設計之前，問自己幾個問題：

導電線及你選用與排列的LED，要如何設計才能展現裝飾效果？
電池座會是設計的一部分嗎？要擺在毛氈的正面還是反面？

開關讓電路形成完整的迴路，也可以切斷電路。開關在「on」、LED點亮，表示電路在「閉鎖」狀態，電流正在電路中流動；如果在「off」、LED熄滅，表示電路在「打開」狀態，電流遭到阻斷。

你會設計怎樣的DIY開關？
住家附近，可以找到哪一種金屬來連結電路，並且當作控制電路的開關？
要怎樣設計，才能讓開關既發揮功能、擺放位置又兼具美感？

實驗材料與資源
一塊毛氈，約10公分×15公分
縫衣針
導電（縫）線，剪成60公分長
3V鈕扣電池
電池座，有分內建開關與無內建開關兩型
迷你LED，有彩虹的七種顏色或波長
在住家或周圍可以隨手找到的金屬，用來製作你設計的DIY開關，可以是一段斷裂金屬鍊、耳環的金屬絲線、幸運符，甚至是項鍊或手鐲扣環
剪刀
紅色鉛筆或麥克筆
黑色鉛筆或麥克筆
筆記本

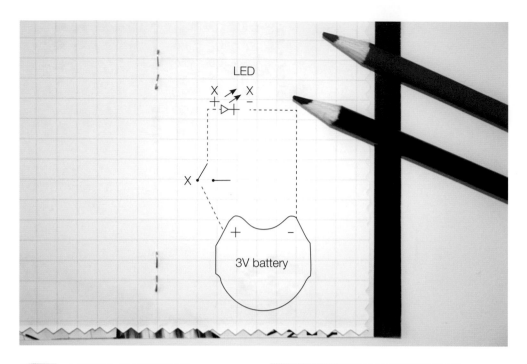

1　在筆記本畫下電路設計。

設計圖應該包括：
裝配電池座的位置（乾脆描上電池座的外型，這樣最簡單）。
以紅線表示正極電路，起點是電池座的正極，並且連接到開關的第一邊；這裡要剪斷導電線並打結。接下來，你將縫製開關的第二邊，一路縫到 LED 的正極扣環，然後剪斷導電線並打結。

需要剪斷導電線並打結的位置，請用 X 表示！
最左邊 X 附近，就是開關的位置，以 /⏜ 表示。
以黑色表示負極電路，起點是電池座的負極，連結到 LED 的負極。
請標明電池的伏特數。

2　決定毛氈的正面與背面。

3　縫衣針穿上導電線，穿單線而不是雙線。

4　在導電線尾端打結，離尾端愈近愈好：先形成一個圈，把導電線尾端放進圈內拉出，將結拉到尾端。依樣打第二個結。

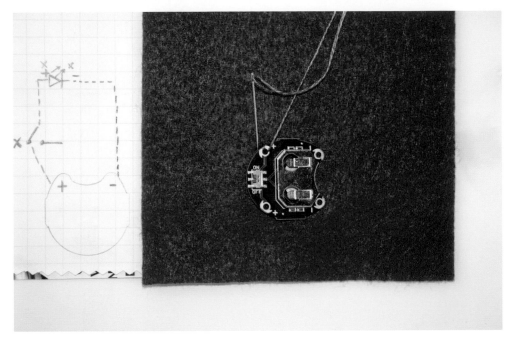

| 5 | 將正極電路縫好。
小撇步：如果電池座有兩個以上的正負極端，縫一個就可以。 | a. 把鈕扣電池座正極端與毛氈縫合，縫三針。 | b. 在預計的位置以平針縫固定DIY開關：開關的一邊，縫在鈕扣電池座正極端附近，縫三針固定位置。 |

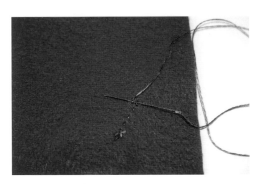

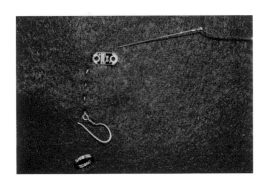

c. 將導電線收尾打結。毛氈翻到背面，把針穿到最後一針縫線底下，還不用把整條線穿過去。導電線在針尖繞圈數次，然後再把導電線穿過去並且打結。

d. 剪掉導電線。

e. 縫開關的另一邊，照樣縫3針。萬一導電線的兩邊碰觸到，就會形成「旁路」（bypass），開關就無法正常通電與斷電了。

f. 在預計的位置以平針縫固定LED。

g. 以三針固定LED的正極端，繼續縫出正極電路。

h. 將導電線收尾打結，記得要將線剪斷。

6 縫出負極電路：
a. 將鈕扣電池座的一個負極端，以三針固定於毛氈。確定導電線不會碰觸或離電池座頂端太近。

b. 持續縫出負極電路：以平針縫的方式，連結電池座負極端以及LED負極端。
c. 將導電線收尾打結；記得要將線剪斷。

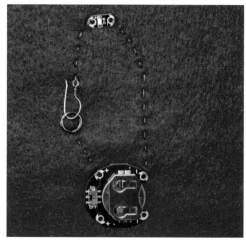

d. 將毛氈翻面檢查，修剪太長的線，避免正負極過於接近。

7 將電池塞進電池座，平滑面朝上。

8 將開關兩端嵌合以閉鎖電路，讓電流開始流動！

瞧！你完成電路了！

重要的事情……
把毛氈扔進洗衣機前，切記要先取出電池。

排除電路障礙

電流很懶，總是挑最不費力的路徑，也就是電阻最少的路徑。

把電路想成電流經過的道路。如果有旁路，電流就會岔到旁路；旁路就是回家過程中省力輕鬆的通路。但是在電學的世界中，旁路也是「短路」。短路容易過熱，可能引起小型火災，甚至爆炸。手中的電路等待我們發號施令，當然不希望它著火燒毀。不過，要讓電子紡織品著火或爆炸，其實很不容易，真是謝天謝地。我們還是要曉得最糟的情景，確保它不會發生。

以下是六種常見的短路類型。萬一在實驗過程中發生短路，最糟糕的情形是怎樣呢？LED不亮。

有一小段的導電線附著在毛氈或電路上。可用膠帶除塵滾筒滾過毛氈，取出肉眼看不見的碎屑。

導電線縫得太鬆。

導電線經過電池座上方。

導電線從開關上方或下方經過。

正極電路有尚未剪除的導電線線尾，且線尾互相接觸，或者碰觸到負極電路；也可能是負極電路的線尾碰觸到正極電路。

負極電路的導電線縫得太鬆，碰觸到正極電路的導線線；或是正極電路的導電線縫得太鬆，碰觸到負極電路的導電線。

電路上的LED為什麼會亮？請用自己的方式記錄在筆記本上。

科技設計家
DESIGNING TECHNOLOGIES

科技的真諦

手中握著行動電話，你掌握的科技，比1969年美國太空總署提供給第一位登陸月球、從月球返回地球，並且在月球漫步的阿姆斯壯還要多。以現在的眼光來看，1969年的太空科技很老舊，但是以當年水準，這樣的科技卻讓人類迎接探索外太空的挑戰。

運用科學來設計有用的東西並解決問題，就是科技。科技可以是「解決問題」與「如何解決」的合體。想想手中的行動電話：世界上從來不曾有過這樣的發明，直到1973年。

如何應用科學原理製造產品，同樣也是問題。電信裝置製造商摩托羅拉公司，利用實驗室把實用的原理化為行動，設計出發展行動電話的過程以及終端產品。這些都是科技。

關於科技，還有一個關鍵點：科技不限於高科技產品。有些科技與新型電腦相較，看起來並不尖端，卻也是科技，「可以喝的書」（Drinkable Book）就是經典範例。在開發中國家，這項產品提供人們安全飲用水的資訊。該書的紙張就是濾紙，可以直接過濾水源，據稱能夠減少水源中百分之九十九以上的細菌。這項科技產品用不到電力，也用不到電腦。

定義科技

如何定義科技呢？以下是科技的幾個特徵：

利用科學的過程、終端產品，或是過程與終端產品。

解決問題。

有用途的成果，例如尖端科技改善人類與其他生物的生活品質。

將理論知識付諸實際用途。有了科技，知識不僅是理論，還能化為行動。

開創嶄新科學方法或材料的，就是高科技，通常牽涉到電腦科技或電子科技。通訊專家馬丁‧庫柏（Martin Cooper）發明行動電話，就是開創高科技。這項科技解決了問題，以創新及實用的方式，運用已知的科學與電子學知識，讓人類享有更安全、更便利的生活。

文藝復興還沒有過時

在達文西的年代，紙張與造紙等過程都可稱為科技。時至今日，從回收資源中得到紙張，也是科技。根據科技的定義，再生紙的生產符合科技要件：

達文西總是竭盡所能，在紙張盡量多寫、多畫。由達文西的習慣，可以推測他一生當中，紙張一直都是重要且珍貴的科技。從他的筆記本挑幾頁，發現材質是亞麻，且可以追溯到1508至1512年。

將使用過且可回收的舊紙製成新紙的過程，需要運用科學。

再生紙解決了幾個問題，例如廢紙及每天丟棄紙張的體積問題。你曉得嗎？美國一天所丟棄的紙張重量，居然比250萬個相撲選手的體重加起來都重。這樣的紙量，相當於大約81.5萬棵松樹的紙漿量。

再生紙本身就是全新有用的產品。因為紙張資源回收，人們不必再砍伐森林來取得紙漿。再生紙是一種解決方案，對家庭、學校、圖書館與企業都有幫助。

回收紙張的過程，必須實際運用已知的科學，這種運用方式讓大家受益；真是實用！

松樹林提供野生動物棲所、保持大地水分，並且讓土壤健康。同樣的場景，少了松樹，試問可堪想像嗎？要有紙可用卻不伐木，紙類回收是選項之一。

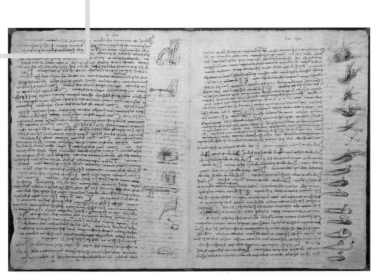

造紙

1494年左右，另一位義大利人法蘭西斯科・馬力亞・葛拉帕多（Francesco Maria Grapaldo）誇耀義大利紙張的高品質。他這樣描述義大利的造紙科技：「現在我們用破舊的亞麻布或麻布來造紙。」文藝復興時期的義大利造紙工匠發現：質地強韌的麻類植物與亞麻，可以製造強韌的紙張——這樣的紙張流傳數百年，因此達文西的筆記能夠傳世不朽。

時至今日，500多年過去了，紙張的材質仍然包括麻類植物與亞麻，也包括棉花、黃麻、竹子，當然還有木漿。除了上述材質，也可以採用海藻、香蕉樹漿、花朵與雜草。這些材質有什麼共通點呢？它們都是植物。植物幾乎都可以用來造紙，這是因為纖維質的關係。你的骨骼支撐著身體，纖維質也支撐著植物。

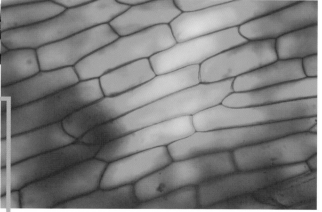

想像一下
纖維質到底是什麼模樣？想像一把長長的、尚未烹煮的義大利麵。同樣的，纖維質也是由葡萄糖（單糖）鏈形成的長條分子構成。從植物抽取出來的纖維質，就像長、韌、黏的白色絲線——最強韌的紙張就是這樣做成的。

上圖是纖維質分子模型，從模型結構可知，為什麼植物與紙張都算強韌。右圖是顯微鏡底下的洋蔥細胞，也可以看出纖維質為什麼讓結構強韌又有美感。

甜蜜的故事

造紙的時候，必須將纖維搗爛，讓纖維變成紙漿。不過，纖維的分子依舊緊密結合！這是什麼道理呢？因為纖維質由葡萄糖組成。

葡萄糖是食用糖的常見成分，也是大部分植物性食品的成分。根據科學家的歸類，葡萄糖屬於碳水化合物。如同碳水化合物的字面意思，這種化合物由碳、氫與氧組成。你掌握這個資訊，審視纖維質的角度就如同化學家與生物學家囉！

手工造紙的紙漿取自可回收紙張，在模板上攤開就可以變成一張新紙。

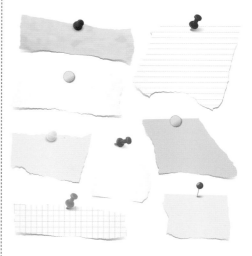

纖維質要怎麼變成紙張呢？這時就需要科學家加入了！事實上，你在造紙的過程裡，也身兼科學家、藝術家與工程師的角色。現在就開始造紙，以回應當今的問題──需要回收以及重新利用紙張的問題。手工造紙完成後，等於同時實踐了科學與藝術！

紙張纖維質的長度與強度，決定紙張品質。處理不同類型紙張，可以感受不同的強韌程度。品質愈好的紙張，纖維質的長度愈長。紙張回收愈多次，因為製成紙漿的次數愈多，強韌度也愈差。一張紙大約可以循環使用七次。

融合科學與藝術來造紙

自己來造紙吧！

第一步，先蒐集舊紙，再把舊紙變成嶄新回收紙。以下建議舊紙來源，可以在你家或學校附近找到：

用過的辦公室紙張（預計要回收的）

信件垃圾，包括信封（先去除信封的透明玻璃紙）

廢紙

購物紙袋

用過的勞作紙

用過的藝術紙

報紙

切記：

舊紙的顏色，會影響將來新紙的顏色。

如果蒐集到的舊紙超過這一次造紙的用量，保留起來下次再用。

避免使用商店以熱感應紙印製的收據或發票。

不要蒐集塑膠！

觀察這次蒐集到的紙張類型。如果你讀過先前的小節，應該了解纖維質是什麼！因為纖維質賦予紙張強度，你推測看看：報紙與藝術紙，哪個是用較長的纖維質製成？

小撇步：
請一位大人擔任工作坊夥伴，協助操作果汁機，並幫忙把篩網繃上相框並以釘槍固定。

實驗材料與資源

紙張所需材料

紙張切或撕成約2.5公分長度

清水

廚房用果汁機，實驗後不再用於食品處理

塑膠盆

可以加入紙漿的裝飾品，例如花的種子、花瓣、葉子或是亮片

舊湯匙，實驗後不再用於食品處理

乾燥的海綿

擀麵棍或木板

幾塊毛氈或其他平順、吸水的材料（比紙張稍大一些）

可以晾乾紙張的平整表面（玻璃或平整的夾板都不錯）

筆記本

模板與抄紙框所需材料

兩個20公分×25.5公分或更小的相框；須去除玻璃或金屬部分

尼龍或紗網，可以自手工藝品店及五金行（網目要能讓水濾過）

金屬網

剪刀

直尺

鐵皮剪

釘槍

強力膠帶

門窗密封條

鉛筆

動工前，請熟讀所有指示事項。完成模板與抄紙框後，請以五個步驟造紙。

自製紙模

1　測量相框的長寬，記錄在筆記本。

2　用剪刀裁剪篩網，讓篩網比相框的長短都少6毫米。舉例來說，如果相框的尺寸是20公分×25.5公分，篩網的尺寸就是19.4公分×24.9公分。

3　將金屬網伸展緊繃於相框平整的那面。

4　以釘槍固定金屬網，先固定於一邊的中點，接著固定對邊的中點。

5　伸展繃緊金屬網，固定其他兩邊的中點。

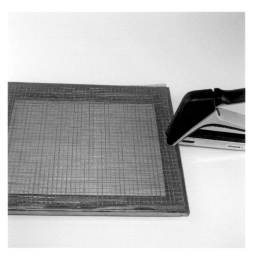

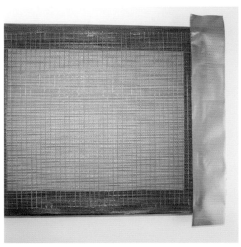

6　現在固定四邊的其他角落。

7　重複步驟3到步驟6，把篩網固定於金屬網上方。

8　用強力膠帶黏住四條邊，注意膠帶不要碰到金屬網。

自製抄紙框

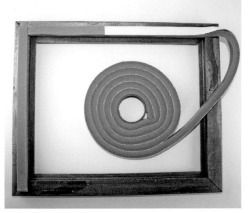

1　將門窗密封條貼在第二個相框的背面，須沿著外框貼。

現在，紙模和抄紙框都完成囉！

自製紙漿

1 把水加到果汁機，加到半滿。這樣大約是4杯（1公升）的水量。

2 加入先前準備兩把到四把2.5公分長的碎紙。

3 啟動果汁機，把碎紙打成均勻的紙漿。如有必要，可多加水。

自製紙張

1 把紙漿放進塑膠盆，直到紙漿占三分之一到二分之一。

2 若要得到較薄的紙，就在塑膠盆多加水。總之，水和紙漿的混合物要像湯一樣。紙漿的葡萄糖分子進入水中，重新與纖維素分子結合，最後產生新的紙張。

3 捲起袖子，開始攪拌塑膠盆中的紙漿。

4 依個人喜好把其他原料加入紙漿，讓紙張呈現獨特設計。例如加入花的種子、花瓣、松針，或是烹調用香料。

5 抄紙框放在紙模上面、金屬網朝上，以略微傾斜的角度浸入塑膠盆。用紙模把盆子底部的紙漿舀起來。

6 把紙模以水平方向放置。

7 以前後左右的方式輕搖紙模，讓湯狀的紙漿在金屬網上均勻形成薄膜，並讓水滴下。水滴完後，就準備將新出爐的紙張轉移到平整、吸水性強的平面上。

移動溼紙

將金屬網朝下，放在平整、吸水性強的平面上，例如毛氈或紙巾。快速地壓框，然後從框的一角開始，一口氣拿起整個框。

壓紙

1　在新紙上面放一塊毛氈或吸水性強的材料，並用乾燥的海綿輕壓。

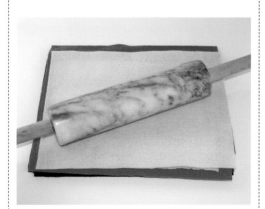

2　換第二塊乾燥的毛氈或吸水材料，再用擀麵棍來回滾壓，壓出水分。

你也可以在毛氈上頭平放一塊板子，板子上頭再放置厚書或其他物品。壓得愈久愈重，紙的表面會愈平整。

乾紙

紙張乾燥時間需要一到三天。想要紙張表面平整，紙張下方墊夾板或窗框，然後輕壓紙張邊緣；想要紙張表面有點波紋，將紙張夾起來吊在晾衣繩；如要紙張表面有織紋與波紋，直接把紙張水平放置就好。紙張乾燥後，就會呈現獨一無二的特色。

減塑大作戰

若不回收塑膠會有什麼後果？這真是一個重要的問題。

塑膠的生產始於1950年代。時至今日，當年的塑膠製品大部分都還存在。塑膠在地球占據的空間，與日俱增！科學家與工程師已經得到結論：如果目前製造及丟棄塑膠的趨勢依舊，到了2050年，海中的塑膠重量，將超過魚類的重量。了解這些事實，讓我們有機會改變自己的行為。科學家正在努力找出解決方案，我們也應當盡一分心力，以下是減塑的方法：

了解包裝紙或包裝盒上面的環保數字與符號。

哪些物品可以回收或重複使用，哪些則不行？請分類。

了解哪些物品可以重新製成新品，塑膠就是其中之一。

住家附近的學校、企業與公共建築，都設有資源回收桶。你家可能有資源回收桶，社區也可能在特定的日子進行資源回收。

科學家的已知

世界上91％的塑膠物品並沒有回收，運用數學算算看：回收的百分比是多少？這項數據來自一組科學家，他們在2015年啟動全球研究，調查有史以來製造的塑膠總量。他們的研究成果，刊載於科學期刊《科學進展》（*Science Advance*）。

塑膠自然分解的時間超過400年；換句話說，現在生產的塑膠製品，到了25世紀還是塑膠。

「回收標誌」提醒你：丟棄前請三思！

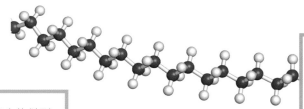

左邊是聚乙烯的化學結構模型，這種聚合物來自乙烯單體，乙烯單體則來自石油。

數不清的聚合物鏈形成合成樹脂，合成樹脂就是塑膠的原料。

在化學製程中，數不清的聚合物鏈條立刻同時形成，稱為「合成樹脂」（resin），製造商就以樹脂製造各式各樣的塑膠用品。

塑膠的前身是單一分子

塑膠並非天然物質，但是合成塑膠的分子來自大自然。塑膠的前身是單一分子，來自天然氣或石油。此外，這樣的單一分子也可以從植物取得，例如玉米、木材纖維或香蕉皮。

常見的單一分子稱為「乙烯單體」（ethylene monomer），乙烯是來自石油的化學物質。顧名思義，「單體」就是「單一部分」（mono 表示「單一」，er 表示「部分」）。在家庭或學校的塑膠容器上，可以看到環保符號印著「乙烯」字樣。舉例來說，2號塑膠的原料就是高濃度聚乙烯（high-density polyethylene），簡稱 HDPE。

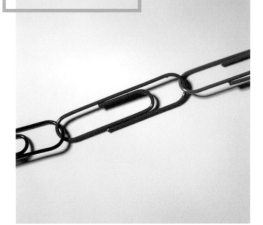

從單體到塑膠，形成的過程可以用迴紋針來想像。單體之間可以加入連結，變成長長的鏈條，稱為「聚合物」（polymer，poly 表示許多的意思）。將迴紋針連結起來，就得到聚合物的模型了。

微粒方式形態的樹脂，原料是聚乙烯。這些微粒將變成2號塑膠產品。

時尚塑膠

本實驗分成兩個部分：第一部分，以可回收塑膠來設計織品；第二部分，利用設計好的織品作成收納包，可以裝些小東西。你想從達文西身上得到靈感嗎？右圖〈未婚妻側畫〉（Profile of A Young Fiancee），據說是達文西的畫作之一。畫中年輕女士頭飾的幾何造型，你可以運用於自己的織品設計嗎？

實驗材料與資源

八個塑膠袋

剪刀

烤盤紙

燙衣板

直尺

鉛筆

筆記本

別針

鉤環自黏的固定物，例如魔鬼氈

一位夥伴

先蒐集八個塑膠袋或塑膠包裝。選擇輕薄且顏色或印刷引人注目的袋子，看看袋子上是否有這些符號：

HDPE 是 high-density polyethylene（高密度聚乙烯）的縮寫，塑膠材質回收辨識碼2號，屬於輕薄有韌性的塑膠。

LDPE 是 low-density polyethylene（低密度聚乙烯）的縮寫，塑膠材質回收辨識碼4號，屬於有彈性的塑膠。

設計自己的塑膠織品

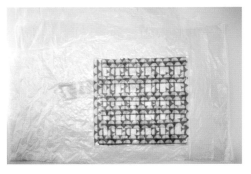

1 將熨斗設定在中溫或中高溫，預熱後進行下面步驟。

2 設計織品的底色，因為接下來要熔合數個塑膠袋。如果需要單一色調，就挑選同色的袋子。混色的話，請挑選各種顏色，熔合後就變成全新的色調。這個步驟中，請挑選4個袋子。

3 設計織品圖案：從剩下的袋子可以剪下怎樣的字母、單字、幾何形狀或其他樣式？如要設計上圖般獨一無二的樣式，小心剪下圖案並擺在最上層，待會加熱熔合。

4 剪掉四個塑膠袋的提把，以及底部縫線。

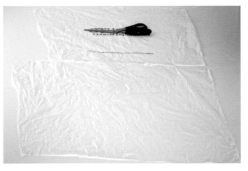

5 將每個袋子以垂直方式剪開並攤平。

6 如有必要，將所有塑膠袋都修剪成等寬等長。

7 剪兩張烤盤紙，面積須比塑膠大。

8 從上到下依序堆疊：

烤盤紙

四個攤平的塑膠袋，盡量以手壓平裝飾用塑膠，設計織品用

烤盤紙

9 切記：烤盤紙放在最上層！不要讓塑膠露出來。

10 熨斗以大動作燙過整個面積，這時底下的塑膠就會熔合；記得邊緣也要熨燙。

照著以下步驟，完成類似信封的收納包。適合用來收納鉛筆、小東西，包括耳塞、掛繩或隨身碟！製作過程有趣而簡單：完全不需要縫，也不用黏；但是需要一位夥伴！

11 來回燙壓表面20秒至25秒；或者以固定動作燙壓8次。

12 移除烤盤紙。塑膠熔合了嗎？如果還沒，換新的烤盤紙，將整疊上下顛倒，再熨燙10秒，直到塑膠完全熔合為止。檢查邊緣是否封合。

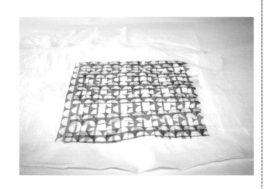

13 揭開上層的烤盤紙，讓塑膠冷卻乾燥。

你已經解決些許垃圾掩埋問題，而且把問題變成織品，讓織品縫製成嶄新、動人的流行！

1 把剛出爐的織品剪成A4大小。小撇步：也可以用A4紙當成剪裁的模板。

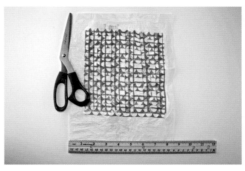

3 從底部向上摺，剛好摺到10公分的位置，以別針固定。

2 將織品正面朝下，從底部往上測量10公分，兩邊都要做標記。

4 剪下一塊烤盤紙：寬約22.5公分、高約12.5公分，然後放置在剛剛的折面上方，邊與邊對齊，並以別針固定。

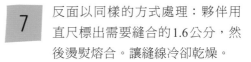

| 5 | 從左緣與右緣向內測量1.6公分，標上記號。 | 6 | 在下方放張烤盤紙，請夥伴把直尺或其他平直的物體固定在1.6公分處，直尺以外區域以熨斗燙熨，左右兩邊都要燙，以熔合方式來縫合。 | 7 | 反面以同樣的方式處理：夥伴用直尺標出需要縫合的1.6公分，然後燙熨熔合。讓縫線冷卻乾燥。 |

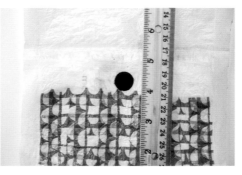

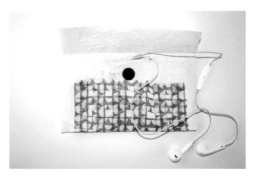

| 8 | 從織品頂端向上量6.4公分，然後向下摺出深深的折線，這就是收納包的上蓋。 | 9 | A4短邊的一半是多少呢？在上蓋的底面作上標記。接著從上蓋頂部向下量5公分並標記，兩個標記的重疊處，就是安置魔鬼氈的位置。魔鬼氈可以讓收納包密合。 | 10 | 量出第二個魔鬼氈的對應位置，試試上下是否吻合。\n\n完成了！你創造出獨一無二的收納包。製作過程請記錄在筆記本上。你如何指導別人也做出收納包呢？ |

進行塑膠袋使用情況的研究

請成為科學事實的發掘者。照著科學家或工程師的思考方式，研究家中塑膠袋的使用情況。你可以從自己開始做起，這也是解決全球海洋塑膠廢棄物的科學家嘗試告訴我們的。接下來，介紹追蹤家用塑膠袋用量的方法。

查看日曆，找出五個連續日期，執行塑膠袋研究。你需要計算塑膠袋用量，請用以下方式分類：

家中目前儲存的塑膠袋

哪些場所存放塑膠袋，全都找出來，然後記錄數據。你可以用兩種方式記錄：記錄塑膠袋數量（一個、二個、三個……），或是記錄體積。如要計算體積，將所有塑膠袋放進一個大型垃圾袋，注意垃圾袋的容量，通常會印在包裝袋上。比方說，垃圾袋的容量是33公升。

新的塑膠袋

這五天實驗日當中，家人帶回家的塑膠袋數量。

重複使用的塑膠袋

數數看，家人和你用多少種方式重複使用塑膠袋。舉例來說，計算看看，有多少個塑膠袋再次用來當購物袋；或者，塑膠袋有沒有當成郵寄或運輸的包裝袋？你有執行上面的計畫，將塑膠袋轉化為新的用品嗎？在這五天當中，加總不同使用方式的塑膠袋數量。

當做垃圾丟棄的塑膠袋

數數看，直接當成垃圾的塑膠袋數量。

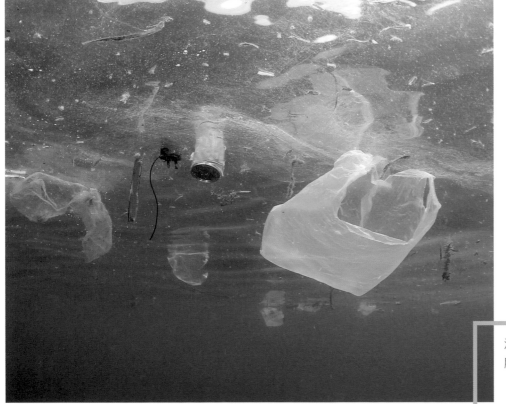

海洋中的塑膠汙染。

研究題目：

調查小組成員的名字：

	日期以及塑膠袋數量	日期以及塑膠袋數量	日期以及塑膠袋數量	日期以及塑膠袋數量	日期以及塑膠袋數量
家中目前儲存的塑膠袋					
新的塑膠袋					
重複使用的塑膠袋					
當做垃圾丟棄的塑膠袋					

描述塑膠袋數量的計算過程：

本研究得出的結論：

與家人分享這個研究，並且說明：你認為
這個研究是否影響家中成員，改變他們資
源回收的行為呢？

科學透視法

1400年左右，文藝復興時期的藝術家開始想用精準的態度，描繪身邊的世界。他們以理性的態度判斷，認為眼睛看到景象、景象呈現於畫布，所以畫布上的內容就該如同人們在日常生活所見一樣。雖然如此理性，挑戰依舊存在：藝術家做畫的面是平的，而真實的世界，是有深度的。

文藝復興時期的藝術家，希望能夠創造人類肉眼可以覺察的兩件事：第一，物體與特定點的遠或近；第二，物體之間的空間有多少。這樣的感覺，稱為「深度知覺」（depth perception）。

以下是深度知覺的例子：在真實世界中，放置於桌面的蘋果，可以被我們到處移動，而且可以從任何角度觀察。但是紙張上描繪的蘋果，卻只能從一個方向觀察，且蘋果無法移動位置。藝術家想要實現的是，畫中的蘋果看起來就像你能在周圍欣賞一樣，還能把蘋果拿起來，甚至品嘗一番。

1420年左右，藝術家、建築師兼工程師菲利波・布魯內萊斯基解決了繪畫與幾何的問題。他的創新符合科技的定義，今天我們把他的數學繪畫方法稱為「單點線性透視法」或是「科學透視法」。

菲利波・布魯內萊斯基在設計的過程，可能研究過科學透視。他在佛羅倫斯設計的教堂 —— 佛羅倫斯聖羅倫佐大教堂（Basilica di San Lorenzo），室內平行線的設計，隨著距離變遠，平行線似乎彼此疊合。

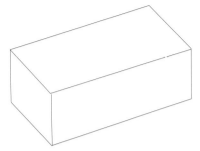

學習科學透視的好方法，是畫出物體的四邊，就從美味的檸檬方塊開始吧：我們可以把檸檬方塊和黃色的長方形相對照。長方形有寬度與長度，但是少了檸檬方塊的另一個特質，那就是深度。

比較這兩種不同的形狀，數數看角的數目。長方形有四個角，但是檸檬方塊有八個。物體的角有深度，稱為「頂點」；有深度的長方形，就變成立方體。我們若要以藝術家自許，就把檸檬方塊的樣子忠實畫下來，像人類眼睛所見一樣。

當個幻覺大師

想描繪檸檬方塊的真面目，需要從立方體前面到後面深度的幻覺。為什麼說是「幻覺」呢？因為物體有三個次元，但是畫紙卻只有兩個次元。但是，如同達文西或其他文藝復興藝術家的方式，我們也可以把二次元（2D）的平面，轉換為三次元（3D）的藝術。三次元包括：寬度、長度，還有高度。相較之下，長方形只有二次元 —— 寬度與長度而已。

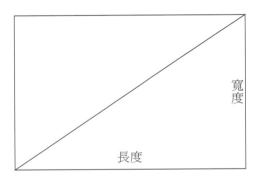

寬度

長度

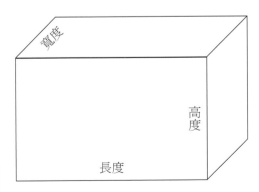

寬度

高度

長度

次元是什麼？

「次元」就是某個方向的測量。你的身高是一個次元 —— 表示從頭到腳有多高。但是，你的外形不只一個次元！軀幹的深度，也是一個次元；腳的長度也是。二次元（2D）的物體，有長度與寬度可以測量；三次元（3D）的物體，則有長度、寬度與高度。

光靠鉛筆一些文藝復興時期就有的指引，我們也可以描繪出真實世界的多次元感覺。

畫出3D幻覺

「單點線性透視法」很有用處,這種方法提醒人們:繪圖對象有個中心點。一起來畫檸檬方塊的素描,也就是立方體的素描!

實驗材料

鉛筆

筆記本、方格紙,或素描紙

直尺

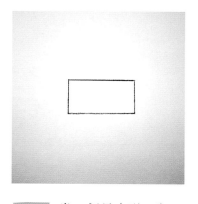

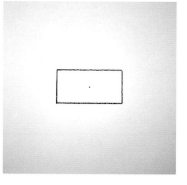

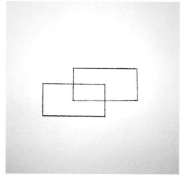

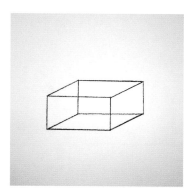

1 畫一個長方形,寬2.5公分、長5公分。

2 找出長方形的中心點:畫出兩角之間的對角線,找到中心點,然後標記起來。

3 利用中心點,畫出壓在第一個長方形上方的第二個長方形:中心點就是第二個長方形右上方的頂點,從中心點開始,畫出第二個長方形。第二個和第一個長方形的尺寸相同,都是寬2.5公分、長5公分。

4 現在,你要加入高度和深度的次元了!利用筆和直尺,連結以下的角:

左邊頂部的邊緣

右邊頂部的邊緣

右邊底部的邊緣

左邊底部的邊緣

完成了!你利用2D平面畫出3D幻覺立方體。

科學透視與達文西的〈最後的晚餐〉

在文藝復興時期的藝術家眼中，畫作運用次元以及透視概念、讓畫面看起來符合真實世界，在當時就算創新技術或創舉。上圖就是當時的創舉 —— 達文西的〈最後的晚餐〉。

〈最後的晚餐〉之所以是當時的創舉，因為達文西畫出次元，整張畫作看起來就像在米蘭恩寵聖母教堂（Convent of Santa Maria delle Grazie）的食堂發生的場景一樣，這裡也是收藏本畫作的地點。達文西將畫面營造成從另一個窗口向內窺探的感覺，表示有大事要發生了。

消失點

文藝復興時期的藝術家，開始以消失點（vanishing point）賦予畫作次元並讓畫作栩栩如生，〈最後的晚餐〉就是一例。消失點就是畫作的中心點，也就是兩條對角線的交點。

再次審視〈最後的晚餐〉。如果你在中央畫X，就可以確定線條聚合的消失點。

創造幻覺空間

實驗材料
鉛筆
筆記本、方格紙，
或素描紙
直尺
色鉛筆
橡皮擦

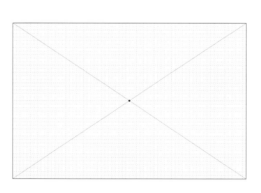

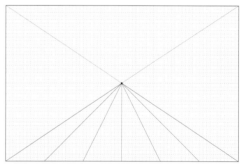

1 以鉛筆畫出長方形，寬10公分、長15公分，這就是接下來空間設計的邊界。

2 找出長方形的中心點：用直尺和筆輕輕畫出對角線，兩條對角線成形一個大X。大X的中心點 —— 距離每個角大約都是9公分，請在此畫一個點，這就是消失點。

3 畫出代表地板的線。從消失點向下畫出垂直線，和長方形底邊相交，交點就是底邊的中點。15公分長度的底邊，中點在哪呢？畫出另外六條斜線，表示地板，在垂直線的左右邊各三條、每條線距離2.5公分。現在底邊共有七條線。

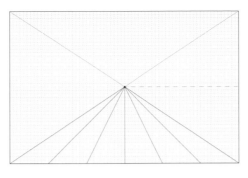

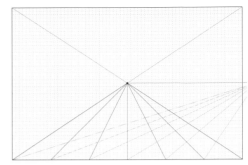

4 該是加入文藝復興時期的洞見，也就是替內部空間加入深度的時候了。接下來要幫地板貼上地磚，而且地磚隨著距離眼睛愈遠而愈小。

5 將直尺水平放置，通過消失點然後在長方形外4公分處、與消失點同樣高度處畫點。你可以稱這條線為H，表示水平的意思。

6 輕輕畫出連結消失點的水平線。

7 接下來，輕輕畫出第二組斜線，從水平線上的點畫到底部每道地板。你正在創造3D的地板喔！

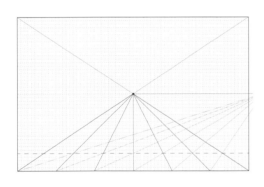

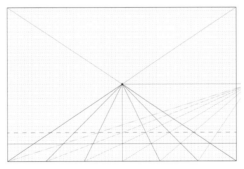

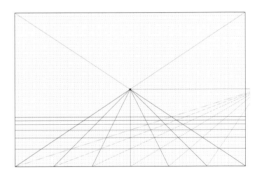

8 檢查地板的底部，從左開始看，找到第一個交點。把直尺水平置於這個交點上，從左到右畫出水平線。

9 從第一個交點再往右邊，找到第二個交點。把直尺水平置於這個交點上，從左到右畫出另一條水平線。

10 重複上述步驟，畫出水平線串起各交點。畫好水平線後，用橡皮擦擦掉斜線。如要彰顯棋盤方格的效果，就幫每塊地磚上色。

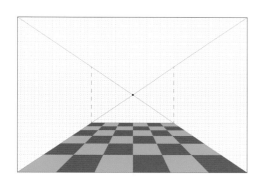

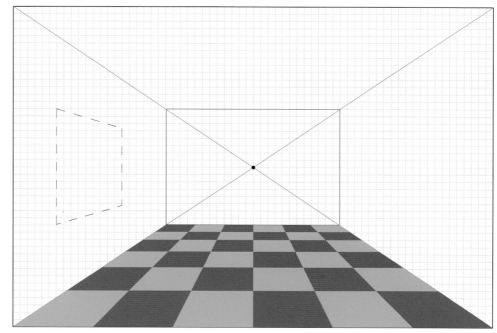

11 替你的房間畫一道後牆。把直尺放在左邊地板的頂端，向上畫出垂直線，然後碰到左上的對角線。同樣把直尺放在右邊地板頂端，畫出與剛剛垂直線平行的線，也會碰到右上的對角線，確定兩條平行線的高度必須相同。請注意：到目前為止，應該可以看出地板、牆壁與天花板。擦掉從消失點出發的水平線與斜線。

12 以平行線連結左右邊的後牆，畫出後牆的頂端。

13 替房間加扇窗戶。先畫兩條垂直線，彼此平行。這些將是窗框的左邊與右邊。

14 現在要畫出窗框的頂邊和底邊：以直尺通過消失點，經過兩條平行線頂端。輕輕畫線，畫出窗框的頂邊。以同樣的方式，以直尺通過消失點並經過兩條平行線底端，畫出窗框的底邊。完成窗框後，就可以擦掉從消失點出發的線條了。

好棒！你已經把扁平、2D的平面，轉換為3D的室內空間幻覺了！

你的3D素描可當成模板，藝術家則稱之為底圖，作為下個小節壁畫創作的參考。

化學與藝術共舞

以下是創作壁畫前要做的兩件事：

選擇戶外空間

建議的長方形壁畫尺寸是1.2公尺×1.8公尺，或是2.4公尺×3.6公尺。

設計你的主題

壁畫的參照模板，就是你在「創造幻覺空間」畫出的素描。你採用了科學透視以及消失點等原則，說不定人們會不由自主想要踏進壁畫的幻景！以捲尺測量壁畫尺寸，然後以粉筆在戶外場地標出邊界，也就是你作畫的準繩。

清潔小祕訣

創作完成並且達到展示效果後，利用花園的水管，就可以將牆面洗刷乾淨

讓達文西啟發你

達文西〈最後的晚餐〉，在當時是藝術創舉，可分兩方面說明：第一，他利用科學透視賦予畫中景象合理的空間；如同你在前一小節學到的，這表示物體間的距離與空間，在人眼看來是合理的。第二，達文西採用創新的顏料技術，專門用來繪畫。

在本小節，你將發掘如何創造露天科學壁畫，揉合你自己的專屬顏料以及科學透視原理，創作大規模的畫作。調配顏料的過程，還能體驗化學反應，讓你的藝術美得冒泡又冒氣。

「露天」的意思就是「在開闊的空氣中」或「戶外」，這就是你要產出傑作的場合。想出一個戶外場所，例如車道，或是學校、停車場的外牆。

放大壁畫比例，讓它栩栩如生

以下的建議，讓你的素描更添次元感。將原本10公分×15公分的原始素描，當成壁畫創作中符合比例的副本。接下來要把素描放大成壁畫會面對這個問題：

該用什麼係數放大素描？

「係數」就是素描要放大或縮小的過程中，需要乘或除的倍數。如果壁畫的尺寸是1.2公尺×1.8公尺，而素描的單位是以公分計量，就要把公尺轉換成公分。再好好思考這個問題：1公尺等於多少公分？因為未來的壁畫是1.2公尺×1.8公尺，我們就把1.2和1.8都乘以100（1公尺等於100公分），換算後，結果如下：

1.2×100 = 120公分
1.8×100 = 180公分

草圖需要放大幾倍呢？將120公分除以草圖的寬度10公分，等於12。再將180公分除以草圖的長度15公分，也是等於12。換句話說，壁畫的尺寸是草圖的12倍。

如果要將壁畫改為2.4公尺×3.6公尺，又該怎麼辦呢？同樣的，先把公尺轉換成公分。2.4公尺×3.6公尺，等於240公分×360公分；接下來，用草圖的尺寸10公分×15公分，以除法來計算看看需放大幾倍：

240÷10 = ____
360÷15 = ____

結果，每個式子的答案等於24。因此，從10公分×15公分的草圖，等比例放大到2.4公尺×3.6公尺的壁畫，比例係數為24。

設計你自己的調色盤

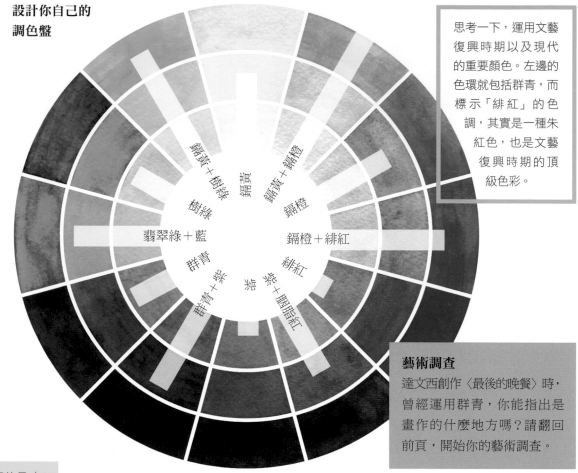

鎘黃＋樹綠
鎘黃
鎘黃＋鎘橙
樹綠
鎘橙
翡翠綠＋藍
鎘橙＋緋紅
群青
緋紅
群青＋紫
紫
紫＋胭脂紅

思考一下，運用文藝復興時期以及現代的重要顏色。左邊的色環就包括群青，而標示「緋紅」的色調，其實是一種朱紅色，也是文藝復興時期的頂級色彩。

你想用哪些顏色？彩繪壁畫的時候，每種顏料要有一個專用的容器。

小撇步：

你也可以創造終極的文藝復興色彩。「群青」是文藝復興時期，最有身價的顏料，因為原料是青金石，當時這種半寶石須從中東進口。文藝復興的藝術家，如果在畫作用上這種顏料，畫作就會提高價值並且讓大家印象深刻。

替你自己的大作，重新賦予群青的樣貌。你可以運用霓虹食用色素：混合24滴藍色、2滴紫色，以及4滴綠色，重現群青的風采。

藝術調查

達文西創作〈最後的晚餐〉時，曾經運用群青，你能指出是畫作的什麼地方嗎？請翻回前頁，開始你的藝術調查。

小撇步：

你也可以運用文藝復興時期與現代的重要顏色，顏色讓我們的創作更添吸引力。朱紅是文藝復興時期的熱門色系。利用食用色素，混合12滴黃色以及10滴紅色，調出朱紅。

露天科學壁畫

替這個計畫，招募一位夥伴或幾個學徒。也可以考慮在壁畫揭幕的時候，請朋友，甚至一小群人來觀禮。達文西喜歡聚會的場合，這樣可以與人交流並蒐集資訊。你的壁畫展覽，也可以是激發人心的盛事，效果如同達文西參與的聚會一樣。如果你已經計劃好調色盤的內容、決定壁畫的上色部位，並在戶外平面以粉筆勾勒出外形，現在就可以開始調製顏料了！

實驗材料與資源

稀釋的白醋

一個或數個噴水瓶（你和學徒都夠用）

花園用水管（清洗用）

調色盤的每個顏色都需要的材料

1/2杯（約100毫升）小蘇打

1/4杯（約50毫升）玉米澱粉

叉子

1又1/4杯（約250毫升）熱水，稍低於沸騰溫度

食用色素（在烘焙材料店或網路上可以買到綜合或霓虹色等食用色素）

耐熱塑膠碗，每個顏色要準備一個

水彩筆

1　在碗中以叉子混合玉米澱粉與小蘇打。

2　緩緩加入熱水，一邊調和一邊加水。如果混合物結塊，緩緩加入熱水，直到硬塊消失。

3　加入你選擇的食用色素，重複步驟1到3，直到調製完所有壁畫需要的顏色為止。

4	祝你畫畫愉快！
5	等待 10 分鐘，讓壁畫顏料晾乾。
6	等待的過程，把醋倒進噴水瓶。

| 7 | 把醋噴在壁畫上！ |
| 8 | 享受化學變化的反應，還有賓客的反應。 |

藝術中活生生的化學

你把醋噴在顏料混合物的當下，就創造了化學反應。醋的正式化學名稱是醋酸，小蘇打是碳酸氫鈉，兩種化學物質互相接觸，形成了碳酸。

碳酸在分解的過程，會嘶嘶作響、冒出氣泡，甚至發出氣爆聲。你觀察到的景象，科學家稱為分解反應。碳酸很容易分解，因此被歸類於不穩定的化合物。

多虧了分解反應，新的物質生成了，那就是水，或者稱為 H_2O，還有二氧化碳，或者稱為 CO_2，都因為分解反應產生。除此之外，也生成了你在壁畫上頭觀察到的氣泡。

化學反應式

我們把水稱作 H_2O，看到字母以及數字，就曉得這是水的化學式。顧名思義，這個化學式的解讀方法是：水由二個氫原子以及一個氧原子組成。如果字母後頭沒有數字，例如 H_2O 的 O，就表示只有一個原子。

你怎麼解讀二氧化碳的化學式 CO_2 呢？可以這樣說：二氧化碳由一個碳原子與二個氧原子組成。我們瞧瞧看，H_2O 與 CO_2 碰面，形成碳酸的反應式：

$$H_2O + CO_2 = H_2CO_3$$

碳酸的化學式就是 H_2CO_3，你有沒有發現：水的一個氧原子和二氧化碳的三個氧原子，共同組成碳酸的三個氧原子呢？

你現在知道化學式中字母與數字的含意了，會不會解讀化學式了呢？

CHAPTER 5

石頭與星球

ROCKS AND STARS

地球與月球：
你離不開我、我離不開你

「月球本身不會發光，月球的光是太陽照射的。太陽照射的月球，我們只能見到面向我們的部分。」

——達文西筆記，記錄於1492至1518年間

本章一開始，要呈現達文西在16世紀初期苦思的一個問題，他把問題記錄在筆記本：「我們需要什麼，才能細看月球以及月球的特徵？」以下幾種選擇，你會選哪個？

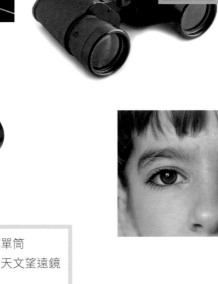

雙筒
望遠鏡

你的雙眼

單筒
天文望遠鏡

單筒望遠鏡是符合邏輯的選項，但並非絕對需要的選項，你是否大吃一驚呢？其實月球表面的許多特徵，光靠我們的雙眼或是雙筒望遠鏡就可以見到。我們先掌握觀察的要領，任何時候都可以探索月球。

我們身在地球，有很重要的理由需要探索月球：關於宇宙、地球的起源以及演化，月球記錄了遠古資訊。人們用肉眼見到的月球表面特徵，包括隕石坑，提供了約39億年前銀河活動的證據。

科學家能夠對這些證據提出獨到的洞見，都要歸功於總重約382公斤的岩石與塵土，這是太空人執行六次阿波羅太空任務帶回來的（阿波羅11、12、14、15、16與17號任務）。想像一下：銀河撞擊、星球互撞、熔化的星球表面，還有爆發的火山；想像一下：月球年輕時期，曾經被其他星體撞擊，今天我們還能目睹月球表面的證據，「表面」就是月球對著地球的那面。美國太空計畫帶回的岩石標本，加上月球的相片，透露這些活動的來龍去脈。

月球是地球的衛星，也是唯一非人造的衛星。研究月球，將得到地球過去與未來的資訊。地球發生的滅絕事件，包括恐龍消失，月球是形成學說的關鍵；我們可否離開地球存活，在其他星球待下去，月球是不可或缺的驗證對象。

我們一起探索月球吧！

滿月的相片。其實不用單筒望遠鏡，就可以看到月球表面的特徵。

月球為什麼總是待在軌道繞行地球，而不會脫軌進入太空呢？答案就是地球施展於月球的引力。月球和地球相較，地球是比較大的星球，比較引力的時候，較大的星體 —— 質量較大的那顆 —— 終將贏得引力的拉扯競賽。月球的質量只有地球的百分之一，就算如此，月球也是有質量的，因此會對地球施展引力。我們怎麼察覺月球的引力呢？就是海洋的潮汐。月球施展在地球的引力稱為潮汐力，在此作用下，地球自轉的過程中，表面離月球最近的海域及最遠的海域，海面受到引力而上升。漲潮的海域，就是海面受到引力而上升的區域。

2015年，深太空氣候觀察衛星的地球多色成像儀，捕捉到完整的月球經過完整的地球的畫面。

仰望天空：觀測月球

實驗材料與資源
日曆
鉛筆
可以觀測月球的庭
園、陽台或是屋頂
指北針
每天幾分鐘觀察月
球，並且畫下月相，
持續一個月

月球的拉丁文是「*luna*」，研究月球的科學稱為「lunar science」（月球科學），是欣賞日常科學現象的絕佳起點。要曉得月球在天空的位置，只要抬頭仰望就好。蒐集數據是良好科學態度的第一步，接下來，我們要透過實際觀察來蒐集月球的數據。

3 在日曆上找出觀測日期，然後這麼做：

a. 畫一個圓圈，以塗色方式呈現月球的模樣，陰暗面以塗黑表示。
b. 寫下觀測時間。
記錄內容如上圖所示。

1 從一個月中挑選任何一天，如果今晚沒有烏雲，就是很棒的觀測天。

2 白天或晚上，都可以搜尋月球。

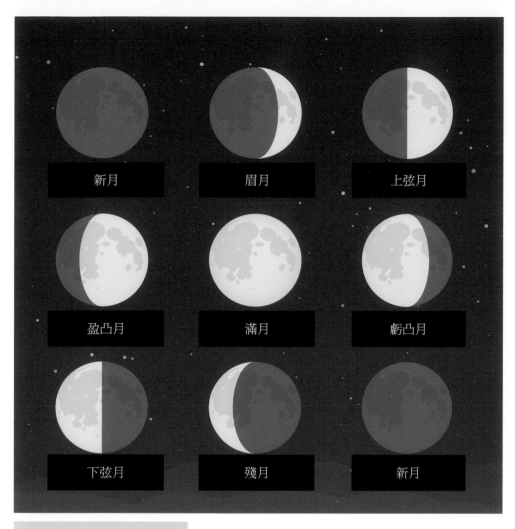

新月	眉月	上弦月
盈凸月	滿月	虧凸月
下弦月	殘月	新月

左邊的月相圖，描繪出月球的八個月相，起始與終點都是新月。特別注意上弦月和下弦月，你能解釋其中的差異嗎？

以下是記住「盈」、「滿」、「虧」或「殘」等亮面依序變化的口訣——DOC，在北半球適用。

D：表示月球的亮面像這個字母，彎彎的地方在右邊，恰好是「盈」的階段。D是Dog的首字母，你可以這樣記：小狗進門了（The dog comes in the door.）。

O：大寫的字母O，像極了滿月。

C：大寫的字母C，很像「虧」的階段。如果月球的亮面像字母C，這時彎彎的地方在左邊，表示亮面會慢慢變小。C是Cat的首字母，你可以這樣記：貓咪外出了（The cat goes out.）。

在南半球，表示亮面的口訣順序，要調整成COD。

凸（gibbous）
「凸月」的意思是，亮面超過表面積的二分之一。

眉（crescent）
「眉月」的意思是，亮面少於表面積的二分之一。

我看著月球，月球也看著我：畫出月相
將你觀察到的月相和上圖比較。如果看得到月球，你可以確定屬於哪種月相嗎？

月球物語

以下是觀察月球時，經常用到的術語：

盈（waxing）
表示亮面變大。「盈月」是新月到滿月階段之間觀察到的月球，月球的亮面愈來愈大。如上圖所示，「盈月」階段的亮面總是在右邊、左邊有陰影。大部分時候，「盈月」要在傍晚觀察。

虧或殘（waning）
表示亮面變小。「虧」或「殘」的階段，出現在滿月後到新月前，這時月球表面的亮面將愈來愈小。大部分時候，這個階段的月相要在白天觀察。

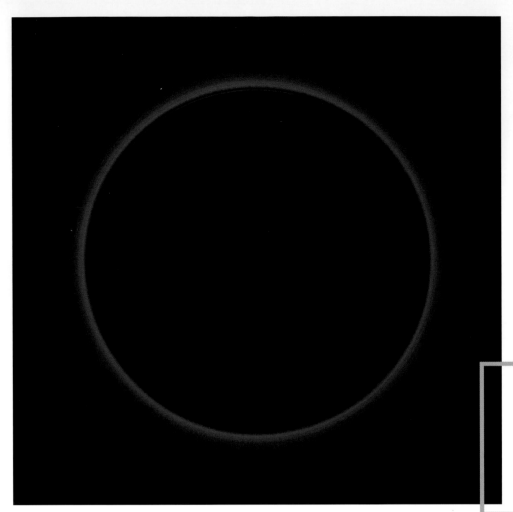

新月：
影子不在、月球還在

根據你的首次月球觀察，月球在東邊、西邊，還是在頭頂？月相是新月嗎？

如果舉頭不見月，有可能是烏雲遮蔽的關係；如果天氣清朗，就可能碰到新月階段。其實，月球的輪廓還是隱約可見，如左圖所示。

新月升起，正好旭日東升；新月落下，恰好夕陽西下。很好記起來的！

月球約27.3天繞行地球一圈，起始的月相就是新月，仔細看還是分辨得出輪廓。

左表列出不同月相在天空升起與落下的時間，探索月球之際，要進行觀察並且蒐集數據，需要此表的相關資訊。

月相		月升時間	月落時間
	新月	日出	日落
	上弦月	中午	午夜
	滿月	日落	日出
	下弦月	午夜	中午

月相變化與太陽、地球的關係

月球的光線來自太陽。當月球在夜空放出皎潔的月光，其實都是因為表面反射陽光的關係。太陽總是照耀月球表面的一半，但是地球上的我們不一定看得見明亮的那一半。透過本計畫，你將以簡單的模擬呈現這些現象。

實驗材料與資源

去除燈罩的檯燈，代表太陽

高爾夫球或可以單手握住的圓形水果，代表月球

可以貼在球體或水果的便利貼

一個夥伴，你或夥伴代表地球

1 面對檯燈站立，伸直左臂面向檯燈，手裡握著球或水果。轉動手中的物體，讓便利貼面對光源，表示這時是新月。請注意：月球受光的那面背對地球。

2 轉動你的左臂（逆時針方向），仍使便利貼面對光源。

3 逆時針轉動手臂的時候，慢慢以逆時針三步或四步繞著檯燈（太陽）。模擬月球繞著地球公轉時，地球如何繞著太陽公轉。

4 手中球體持續在你背後移動，此時先停頓一下，讓「月球」從頭上經過並交接給右手，代表這時是滿月。請注意：月球受光的那面正對著地球。

5 繼續月球繞行地球公轉的旅程，保持讓便利貼面對光源。

月球有半面總是朝向太陽，地球上的我們見到的則是部分照亮、完全照亮或全暗的月球，這是因為以下三件事情同時發生。我們從地球看月球之際，這三件事改變了太陽與月球的相對位置：

月球以逆時針方向繞行地球，軌道為橢圓形。

地球繞行太陽公轉，本身也繞著地軸自轉，軌道也是橢圓形。

太陽在一年裡不同的時節，會通過天空不同的路徑。

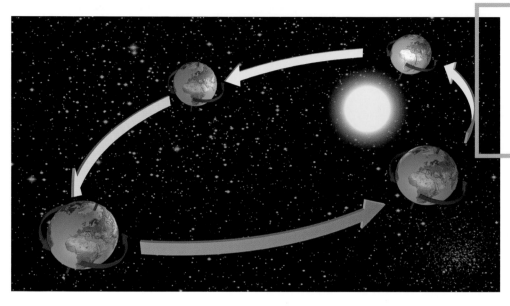

地球以橢圓形軌道繞行太陽，如左圖所示。月球繞行地球，軌道仍是依循橢圓形。

我們在地球上看到的月相有八個，在農曆月約29.5日內依序出現。請注意月球繞行地球時，與太陽、地球的相對位置。

因為月球與太陽角度的關係，月球被陽光照亮的表面，不一定隨時面向地球（你剛剛藉由模擬體驗到了）。每個月的不同時間，因為月球繞行地球，我們會見到月球部分照亮或完全照亮的表面，這就是所謂的「月相」。

整合上述資訊，以及你蒐集的數據，整理出以下兩點摘要：

滿月的時候，三個星球中間是地球，且月球與太陽分別在地球兩側。月球的亮面，正對著地球；在北半球，滿月在傍晚時分從東邊升起之際，太陽正要緩緩西落。

新月的時候，三個星球中間是月球，月球與太陽同側。月球的亮面，背對著地球，因此我們看不到月球。在北半球，新月在黎明時分從東邊升起之際，太陽也正好緩緩東升；之後，新月與太陽都在傍晚時分西落。

現在，你已經掌握月球的資訊了，你還有什麼問題要問太空人嗎？以下是一個讓人深思且可以找出解答的問題：

太陽與新月在同一個時段升起與落下。哪個在天空中比較明亮呢？太陽或新月？

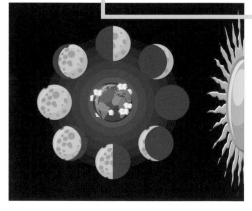

上圖表示我們從地球所見的八個月相，圖的中間為地球。

探索月球、持續提問

阿波羅 11 號太空計畫的太空人伯茲・艾德林（Buzz Aldrin）駐足月球表面的靴子印。艾德林是阿波羅 11 號火箭的駕駛員，1969 年 7 月 20 日，他成為第二位在月球漫步的人類。

太陽系的星體，除了地球之外，有人類駐足過的僅有月球──到目前為止。我們為什麼要研究月球？又為什麼要在意這個灰色、冰冷又荒涼的星體？一起來思考問題的解答。

發揮想像力、形成問題

一般人可以幾天或幾星期都不必理會月球，但是研究來自月球、由阿波羅太空計畫太空人帶回的岩石，卻能提供科學家所需的證據，解答我們提出的大問題。來自月球表面的岩石，引導科學家形成理論，解釋我們為什麼置身於地球。這些理論還能回應以下問題：我們為什麼出現於地球？地球的年紀多大？恐龍到底遭遇到什麼？地球的生命還會延續多久？宇宙如何形成？我們是宇宙中唯一的人類嗎？

為什麼要研究月球？了解原因之後，等於多了一個探索體驗的機會，我們一起增加體驗吧！

「磨製望遠鏡，觀察放大後的月球。」
── 達文西筆記，記錄於 1478 至 1518 年間

想像一下，觸摸月球岩石的感覺。這塊岩石蘊藏著物理祕密，關於地球起源的祕密，等待科學家來解開。上圖標本是阿波羅太空計畫的太空人，大老遠從月球帶回來的。

「任何人站在月球上看到的地球，就好像我們現在看到的月球。」
── 達文西筆記，記錄於阿姆斯壯成為首位登月者的 541 年前。

月球探險

以下的相片集錦，引導你認識並且探索月球表面重要的特徵。

專業與業餘的天文學家，談到觀察月球，一致同意處於「明暗線」（terminator）附近的區域，最適合觀察表面特徵。根據月球科學的定義，明暗線是月球上白天與夜晚交界的地帶。明暗線造成的投影效果，讓月球表面的隕石坑或大型特徵更加顯著。明暗線附近的區域，甚至不用雙筒望遠鏡，就可以觀察到表面特徵。新月前的四至五天，是觀測的好時機。

月球下方中央處，有一個形狀像甜甜圈、圈內呈淺色的地帶，這就是第谷坑的位置。第谷坑中間有「臍眼」，四周還有月球噴出物形成的放射線條；因為放射線條的關係，讓月球看起來像顆哈密瓜。相片拍的是月球南邊區域，從地球北半球拍攝（如果是從南半球，相片會相反）。第谷坑右下方是月球高地。

第谷坑

小行星的撞擊，是造成第谷坑（Tycho Crater）的原因！有顆小行星撞擊到月球南方區域，撞出了一個直徑約82公里的隕石坑 ── 第谷坑。從第谷坑發散的放射狀線條，其實是1.1億年前小行星衝撞月球時噴出來的月球物質，長度約1931公里。第谷坑從底部到坑緣，高度低於4.8公里。因為坡度和高度都很大且起伏劇烈，科學家認為這是年代不久的關係。總而言之，科學家根據月球表面的標本形成理論，認為月球的年齡是45億歲。

左側為月球明暗線：暗面與亮面的交界處，也是區別月球白天與夜晚之處。

一起參加「國際觀月夜」吧！這場國際盛會舉辦於每年8月，詳細日期視當月何時最適合觀察月球而定。詳細的資料，請參閱月球與行星研究所（Lunar and Planetary Institute）網站（www.lpi.usra.edu/observe_the_moon_night）。

你生日當天，還可以上網找到當天月相。NASA的科學顯影動畫工作室（Scientific Visualization Studio，https://moon.nasa.gov/resources/394/），帶著我們連結日曆當天的月相變化、軌道以及其他月球相關的細節。此外，工作室也提供下載服務，可以下載高解析的月球即時影像，上面還標示肉眼可見的隕石坑。

看著明亮且淺色的區域，可以辨識出月球高地。

1969年阿波羅11號火箭的登陸點就在寧靜海，這是片平緩的區域。與月球高地相較，可以對照出這片深灰色的「海」有多麼平緩了。

月球高地

從地球北半球觀測月球，第谷坑右下方就是月球高地（Lunar Highlands）。月球高地年紀古老，因為小行星與其他撞擊物衝撞而布滿坑坑洞洞，表面特徵亮暗分明。月球高地是月球最古老的地殼，由內部流出的熔岩冷卻而成。

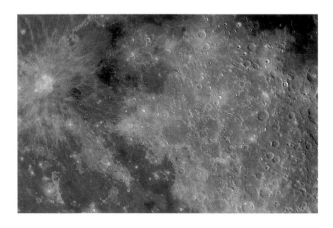

哥白尼坑

哥白尼坑（Copernicus Crater）寬度約100公里，直徑比第谷坑還大。第谷坑的東北方，有塊巨大、周圍深色的圓形淡色地帶，這就是哥白尼坑的位置。帶著雙筒望遠鏡，仔細觀察哥白尼坑：有沒有看到這個巨大隕石坑的坑底，矗立著山峰？撞擊物撞擊月球後形成哥白尼坑，而月球噴出物冷卻變成的輻射線條，範圍廣達800公里。哥白尼坑與第谷坑一樣，都有陡峭、明顯的坑緣，屬於相當年輕的地形。

寧靜的汪洋

月球高地的右上方，就是寧靜海（Mare Tranquillitatis）。月球上的「海」，是月球熔岩冷卻形成，肉眼所見淨是平緩、灰色的表面。早期天文學家目睹月球表面平緩區域，以為是水體，因此以「海」命名。但是石頭汪洋怎麼形成的呢？當太陽系在年輕的階段，小行星不停撞擊月球，撞出許多隕石坑。大約在30億至38億年前，月球內部熔岩噴出，填平了隕石坑，這就是「海」的由來。八次的阿波羅月球登陸，降落地點都在「海面」。阿波羅11號火箭的太空人阿姆斯壯就在寧靜海登陸，創下人類首度在月球漫步的紀錄。

想像無法想像之事：撞擊物與近地天體

你能想像：地球的生命起源於外太空嗎？或者，46億年來，小行星與彗星幾乎沒什麼改變嗎？還有，你居然可以在家裡廚房創造彗星？

上面每個問題都根基於科學事實，而且待會真的要造出彗星。繼續看下去，開始體驗這些無法想像的問題。

體積雖小、數十億年不變

宇宙中，所謂的「小」，是跟整個外太空比較的相對結果。太空當然遼闊巨大，以下是一個證明的例子：仰望夜空，可以發現離我們最近的恆星嗎？那就是比鄰星（Proxima Centauri）。你看到的這顆星，距離地球超過4光年。「光年」是計算距離的單位，比鄰星發出的光線，以直線方向行進，需要4.25年才能到達地球。我們對著比鄰星許願，看到一閃一閃亮晶晶的光線，那是4年多以前的光線。「比鄰」就是「近」，但是這個「近」，距離地球居然有38兆公里之遙。這樣一來，太空的龐大可想而之。在太空裡，一座足球場的規模微不足道。

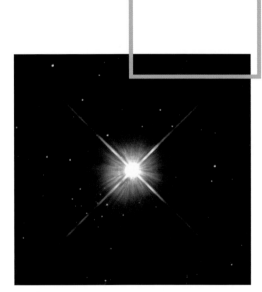

哈伯太空望遠鏡拍攝到的比鄰星。

小行星、彗星以及流星體，都稱為「小星體」，其實體積一點都不小；稱為「小」，是因為體積不夠格當作行星。如此看來，也可以想像宇宙之浩瀚。地球直徑是12756公里，這樣的距離可以讓美國高速道路的車子不中斷行駛150小時。相較之下，最大的小行星灶神星（Vesta），直徑約為526公里；換句話說，這顆最大的小行星，只有地球的二十五分之一。

撞擊物會改變地球上的生命

撞擊物如何影響世界？以下用四起撼動天地的撞擊事件，回應這個問題。

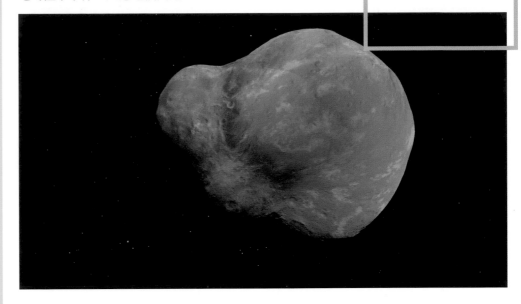

從美國太空總署得到的小行星影像，位置在火星與木星之間的小行星帶。

撞擊事件 1

小行星由岩石與金屬結合構成，46億年前太陽系生成之初，小行星就已經存在了。小行星表面沒有空氣，與地球一樣繞著太陽運行。超過150顆小行星，都有自己的衛星。以太空的尺度來看，小行星的確嬌小，但是小行星撞擊月球造成的隕石坑，卻大到我們在地球都能用肉眼看到。（還記得哥白尼坑和第古坑嗎？）

撞擊事件 2

根據目前居領導地位的理論，月球約在45億年前形成。當時有個衝撞物，一個大小約地球一半的固體，與地球相撞並且四分五裂。撞擊物的碎片繞著地球運行，其中一片和地球撞擊後脫落的碎片結合，生成了月球。以上述敘解釋了「撞擊物」的定義，並且是解釋月球誕生的「大碰撞理論」基礎。

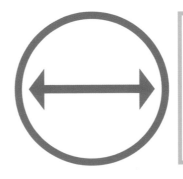

任何球體的直徑，包括地球的直徑，就是通過中心點的直線。能夠撞擊地球的撞擊物，直徑必須超過30公尺。

撞擊事件 3

有些科學家發展理論，認為恐龍集體滅絕起因於遠古時的撞擊物撞上目前的墨西哥猶加敦（Yucatán, Mexico）地區，這個事件改變了地球上的生命。為什麼生物會集體滅絕？撞擊的地點在希克蘇魯伯隕石坑（Chicxulub Crater），當時棲息於猶加敦半島的恐龍看來，從天而降的巨大火球，可能比太陽更大、更明亮。

撞擊事件 4

地球要從月球般的岩體，演化成蓊鬱蒼翠、生意盎然的岩體，需要水和有機物質。科學家相信，這些物質可能藉由彗星帶到地球。彗星的主要成分是水和塵土。2016 年，羅賽塔號太空船（Rosetta）從彗星塵土中，採集到屬於氨基酸的甘氨酸（glycine）。甘氨酸形成蛋白質，蛋白質就是生命所需的分子。人體要能正常運作，甘氨酸不可或缺。

準備好下一次撞擊了嗎？

科學家已經準備好了！美國太空總署運用監測碰撞的系統 —— 哨兵系統，不間斷地監控衝擊物。哨兵系統自動掃描宇宙，搜尋可能在 100 年內撞上地球的小行星。

每天有超過 100 噸的太空垃圾，也就是如同砂粒與灰塵大小的粒子，撞擊著地球。大約每年一次，還會有大如車子的小行星進入地球大氣層，在撞擊地球之前就化成火球蒸發掉了。

近地天體，軌道到底離地球有多近呢？美國太空總署的行星科學部門，致力監測軌道與地球距離小於 800 萬公里的小行星與彗星，這個距離就是所謂的「近」了。若近地天體有機會衝擊地球，直徑要超過 30 公尺才行。

大部分在大氣層沒蒸發燒掉的星體，落地時僅剩下灰塵大小的粒子。

從彗星塵土發現甘氨酸，等於支持以下的科學理論：地球相當年輕的時候，遭到彗星撞擊，彗星帶來生命的基石。也就是說，讓地球演化出生命的某些物質來自太空。

近地天體
讓我們接近起源

小行星與彗星，因為與地球比鄰，都稱為「近地天體」（near-Earth objects）。地球有哪些鄰居呢？像是太陽、月球、小行星、彗星，還有水星、金星及火星等，其實都是近地天體。

近地天體讓我們一窺太陽系生成的奧祕，因此往往透露出讓人興奮的科學訊息。假日盛會過後，往往留下食物殘渣；近地天體也是殘渣，更是年紀最大、最古老的殘渣。近地天體就像時光機一樣，留下早期太陽系的碎片，引領我們回到 46 億年前的洪荒世界。經過這麼久遠的時間，近地天體幾乎沒有改變。科學家想了解形成行星的化學混合物，而小行星與彗星就蘊藏這樣的訊息。

想要目睹這些小星體的近距離模樣，如同剛剛撞擊地球的狀況，乾脆自己動手做一個！

打造一顆彗星，創造一顆宇宙雪球

這個計畫雖然安全，但你還是要穿戴厚重的手套和安全護目鏡。過程中用到的乾冰，接觸到的東西都會凍住，甚至乾冰周圍的水氣也會結凍，產生吞雲吐霧的效果。有乾冰在場，動手操作的計畫就有趣了。請挑個通風良好的房間，當作實驗場地。

實驗材料與資源

一位或多位夥伴

通風良好的房間

橡膠手套，你與夥伴用

安全護目鏡，你與夥伴用

大號攪拌碗，僅供科學或藝術活動用，不會再用於食用

兩個廚房用的垃圾袋（60公升）

4杯水（1公升），因為彗星含有大量的水與冰

2杯（500毫升）泥土，當作彗星的塵土、鐵以與他礦物

1茶匙（15毫升）黑色玉米糖漿，當作彗星核裡（彗核）的有機物質。真實的有機物質由含碳分子組成，而含碳分子也是所有生物的組成分子

1茶匙（15毫升）的甘氨酸，可從雜貨店或健康食品店購得，或是替代甘氨酸的醋

1茶匙（15毫升）含氨的清潔劑，當作彗星中的氨

2.3公斤的乾冰，壓碎後裝進保冰容器中，使用前才取出

大湯匙，最好是以後都不再用於食用的舊湯匙

手電筒

吹風機

洗碗槽，待會要放置殘存的彗星材料

開始操作之前，你需要先購買2.3公斤的乾冰，小顆粒或冰磚形式都可以。將乾冰放在垃圾袋中，以木槌細細搗碎。將碎乾冰放在冰箱，準備加入彗星混合物時再取出。

1 戴上橡膠手套與安全護目鏡！

2 用一個垃圾袋套住碗。

3 把材料依照順序放進碗裡：

水
泥土
玉米糖漿
甘氨酸或醋
清潔劑

4 攪拌均勻。

5 加入乾冰之前，預測將會發生的狀況。將預測寫成敘述，或是待會要驗證的問題。

6 把乾冰加入混合物中。

7 抓起垃圾袋的邊緣，將整袋彗星捏成塊狀。乾冰把水凍成冰後，塊狀就形成了。

小撇步： 如果尚未形成塊狀，緩緩加水。

9 預測看看：彗星表面遇到光和熱空氣，會出現怎樣的狀況？

10 模擬彗星繞行太陽的模樣：雙手分別拿著手電筒與吹風機，同時指向彗星表面。

8 一旦袋裡的冰結凍、塊狀也形成了，小心將彗星移出垃圾袋。你的彗星就跟外太空的彗星一樣，都是冰冷、有灰塵、凹凸不平，而且表面結塊。你還會看到氣體從彗星擴散出去！

海爾－波普彗星的相片，攝於1997年。這顆彗星的軌道週期約2300多年，下次再從地球見到這顆彗星的時間，可能是4385年左右。

進行測試的時候，發生了什麼？你的預測正確嗎？

以下是實驗的解釋：吹風機好比太陽風，手電筒就是來自太陽的輻射。彗星包括三個部分：

彗核：
彗星的中心。

彗髮：
彗核周圍的模糊朦朧狀雲，由氣體與灰塵構成。彗核和彗髮形成了彗星的頭部。

彗尾：
太陽輻射和太陽風，將彗髮 —— 由氣體與灰塵組成 —— 往外推並遠離彗核。從太陽的日冕不停流出的物質，就是太陽風。

彗星繞經太陽周圍時，冰變成氣體。請注意：這是從固體直接到氣體的過程，中間並沒有形成液體，這樣的過程稱為昇華。你觀察乾冰的時候，也會發現昇華的現象。

太陽讓彗星的溫度增加，彗星因為成分氣化、釋放出氣體與灰塵並形成彗髮，體積變大了；彗髮讓彗星的昇華作用變得顯而易見。彗星的體積變大了，範圍等於從一座小城鎮擴張為一座小城市。

彗星有兩條彗尾，都背對著太陽。其實，彗尾並不是從彗星後面延伸出來，不過我們從地球觀察到的卻是如此。一條尾巴由灰塵組成，另一條則由氣體與電漿組成。太陽輻射將灰塵從太陽向外推，形成了塵埃尾；太陽風則把彗星的離子吹離，形成了電漿尾。

你是宇宙的縮影

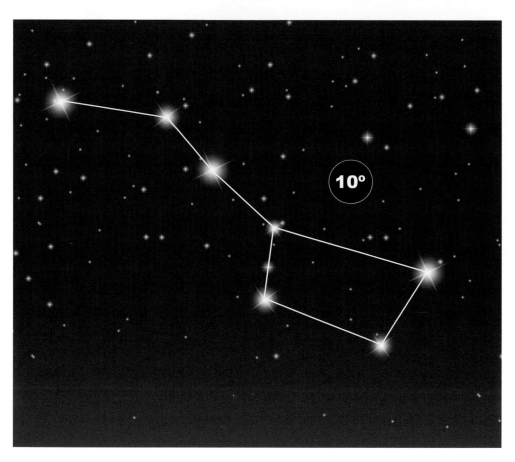

10°

了解角度與角距離

蒼穹無盡，兩個天體之間的距離如何測量，天文學家利用兩者之間的角度。這樣的距離稱為「角距離」，單位是度。幸運的是，在夜空時分向外舒展的手掌，就是測量星體之間角度（角距離）的好工具。

舉例來說，大熊星座中的北斗七星，底部的杓寬就是一個拳頭，也就是大約10度寬。為什麼說「大約」？因為每個人的手，形狀不同、大小不同。倘若能以專業方式測量，就會發現估計的10度，非常接近兩個星球之間的精確數字——10.2度。

達文西相信：宇宙是巨大宏偉的結構，人體的結構就是宇宙的縮影——宇宙有對稱、和諧特質，人體也有，只是這樣美好的規律封包於較小的人體罷了；達文西在萬物中看到關聯。

我們待會要找出更進一步的關聯，並且運用達文西提出的人體比例來測量夜空。

把天空想像成一個大圓，地球在圓心。圓的角度是360度，但是我們站在地球上仰望天空，只能看到一半的角度。360度的一半是180度，另一半在地平線以下。

我們站在地球上，並且朝著天空垂直向上望，就會看到天頂（zenith）。如果從站立處向上畫直線，直線與地平線的夾角就是90度；天頂和地平線的角度，一直都是90度。

天頂

揮手測量天空

許多行業的人，長久以來都以自己的身體當成測量工具。舉例來說，有人用手來測量馬匹。藝術家畫人像，也以幾個頭長來估算人體高度。今日的天文學家，仍然用他們的手來估量天體，我們也可以！用傳統有趣的方式測量地球與天空之前，先掌握基本的練習。

用一隻手測量、手要伸直，閉上一眼。

25度
拇指和小指盡量伸展，兩指之間的距離就是25度。

15度
食指與小指翹起，兩指之間的距離就是15度。

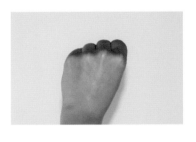

10度
握拳、手臂盡量伸直，手背對著自己，拳頭的寬度就是10度。

當我們用自己測量宇宙時，請記得：大腦就是絕佳的工具。

5度
中間三個指頭伸直，中間的距離就是5度。

1度
翹起小指、手臂盡量伸直，小指的寬度就是1度。

你自己就是最佳資源
不用直尺或捲尺，你身上就有測量夜空與周圍世界的裝備。一起看看你有的資源：

手掌的寬度

拳頭的寬度

三根指頭

小指的寬度

你的大腦

你來當天文學家：測量夜空

實驗材料與資源

鉛筆

筆記本

星圖或地圖

觀察的時間，還有培養敬畏宇宙的時間

本計畫將介紹讓人敬畏的現象，以下要檢驗一些引人入勝的事實，作為準備工作。

想像一下住家附近的夜空：你住的地方，可以見到星星嗎？許多都會區致力減少人造光害汙染，以保存夜空這種無價的自然資源。請參考國際暗天協會（International Dark-Sky Association），獲取更多相關資訊。

參考美國太空總署噴射推進實驗室（Jet Propulsion Laboratory）的夜空計畫網頁（Night Sky Planner，https://nightsky.jpl.nasa.gov/planner.cfm.）

網站提供以下資源：

1. 連續多日的當地氣象預報，讓你曉得何時夜空清朗、有利觀星；
2. 指定月份與年份的傍晚天空地圖（Sky Map），這個應用程式讓天空不停移動！星座、行星、銀河以及月相，都依照指定時間顯現。此外，天空地圖還能設定成肉眼、雙筒望遠鏡及單筒望遠鏡的效果，讓你欣賞指定的天體。

請記住：地球所在的銀河星系，恆星有一千億顆。銀河星系的寬度約十萬光年，雖然範圍如此浩瀚，我們置身其中，還是可以看到帶狀的星體橫亙天際。就算動手操作計畫結束，還是繼續觀星吧 —— 因為數百億顆恆星等待你的探索與記錄。

拍攝於美國科羅拉多州落磯山國家公園百合湖上空的銀河星系。星系是龐大的系統，包括恆星與屬於恆星的太陽系，以及往後可能形成更多恆星的灰塵與氣體；還有最重要的，宇宙裡看不見的暗物質（dark matter）。把星系內的分子拉在一起的，就是引力。

大熊星座包括北斗七星。

北斗七星杓口前端的兩顆星,因為指向北極星,就稱為指極星。北極星是小熊星座邊緣的一顆星,小熊星座又稱為「小北斗」。如果你站在北極並且抬頭仰望,北極星恰好在正上方。

1 把觀測日期、時間與地點記錄於筆記本。

2 把手當成測量工具,找出星體之間的角距離。當你測量星空之際,問自己以下的問題:

北斗七星的兩顆指極星,與北極星的角度各是多少?

小熊星座又稱為小北斗,握把的部分是幾度呢?

北斗七星中,握把的最後一顆星,與大角星的角度是多少呢?大角星屬於牧夫座,是其中最明亮的橙黃恆星。

處女座整個範圍是幾度呢?

3 現在可以探索夜空中的星座了!

4 在筆記本記錄你觀察到的天體、天體之間的角度,以及用角度所測量的天體大小。

牧夫座最亮的一顆星，就是位於右邊的大角星。

這是處女座，其中最亮的星是角宿一（Spica），位於星座的最下方，屬於明亮、白色的恆星。

科學引導我們的起點與終點，就是天文學

本節引導你觀察並記錄月相、學習近地天體、製作彗星、測量夜空，其實就算體驗天文學了。天文學，就是研究太空與星體的學問。

科學作家曾指出，天文學就是科學的alpha與omega，這兩個字分別是希臘字母的開頭與結尾。換句話說，天文學是科學的起點與終點。天文學引發我們的好奇、提問、實驗、想法與敬畏，這就是科學的起點。我們的好奇與提問，則帶領我們到科學的終極之處。這樣說的原因，是因為天文學讓我們連結到宇宙、太陽系、行星以及物質層次的自我。科學家研究外太空，蒐集資料並建立早期太陽系的理論，還發展科技讓人類可以到地球以外的星球居住。了解宇宙，是人類值得深思的終極問題，而科學則是我們探索未知的工具箱。

科學，也是達文西創作的起點與終點。不管是達文西的繪畫、雕塑、素描，還是工程或發明，甚至從事建築或以盛會與作品娛樂王公貴族，科學都是每件創作的基石。

科學是：

觀察世界。
傾聽。
記錄你看到與聽到的內容。
測試想法。
測試再測試。
永遠保持好奇心。
追問原因。
以及想像可能性。

在下一次實驗中，科學又會扮演什麼樣的角色呢？

CHAPTER 6

寫信給達文西

WRITE A LETTER TO LEONARDO

跟達文西分享體驗

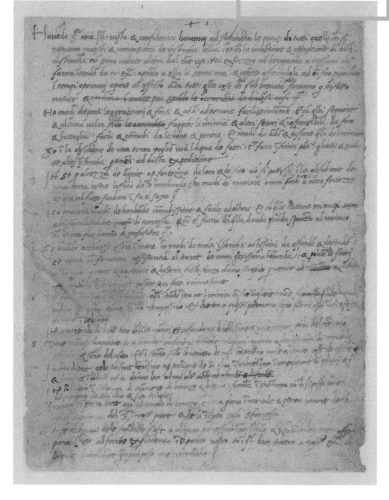

1482年，達文西寫給米蘭公爵盧多維科‧斯福爾札（Ludovico Sforza）的信。

你也可以和達文西一樣

達文西大約30歲的時候，需要一份工作，因此動筆寫信給義大利米蘭公爵，從此他的專業得到增長。

達文西在信裡列出十件能夠完成的工作，讓公爵眼睛為之一亮，認為聘用這人必然大有用處。以下是信裡部分內容：

「我設計了極度輕巧並且堅固的橋梁，特別為便於攜帶而訂製。」

公爵是軍事專家，達文西直接點出軍事工程師名列職工名單的實用價值。最後一項，達文西介紹自己的藝術能耐：

「除此之外，我也能以大理石、青銅及陶土進行雕塑。我的繪畫技巧也不遑多讓，我可以完成任何任務，就跟任何人一樣」

達文西對自己有信心。當他毛遂自薦的時候，雖然已經完成橋梁設計，卻還沒有實際建造橋梁，也還沒有畫出〈蒙娜‧麗莎〉這樣的作品，甚至才剛開始寫筆記呢！但是他卻呈現自己的能耐，以及未來的貢獻。

寫信給達文西

達文西的自我推薦，給了我們靈感。寫一封信，表達你的技能 —— 你現在擁有的，還有以後將要發展的。以積極的心情下筆，就像你已經準備好要執行未來夢想完成的事情一樣。

描述一下：你從本書的科學專題計畫學到的經驗與技能。再描述一下：哪些是你目前缺少，但是將來想學會的技能？

把你的信寄給達文西，或者時常激勵你思考未來成就的某個人。

運用右邊的提示完成信件內容，達文西也是應用相同的遣詞列出自己的技能，讓公爵一目了然。就這樣，達文西找到工作了。

將你的經驗列成綱要：

我已經設計了……

我知道怎樣……

我掌握……的方法

我有許多類型的……

我有許多方法可以製造……

我想製造……

我可以在……方面全力以赴

現在就動筆吧！世界正等著擁抱你這位天才！

學習資源

參考書目

Art & Geometry: A Study in Space Intuitions, William M. Ivins, Jr.
Dover Publications, Inc., 1964

Becoming Leonardo: An Exploded View of the Life of Leonardo da Vinci, Mike Lankford, Melville House, 2017

Leonardo da Vinci, Walter Isaacson, Simon and Schuster, 2017

The Notebooks of Leonardo da Vinci, Arranged, translated, and introduced by Edward MacCurdy Garden City Publishing Co., Inc., 1942

The Notebooks of Leonardo da Vinci, Edited by Irma A. Richter, Oxford University Press, 1952

The Science of Leonardo, Fritjof Capra, Doubleday, 2007

Leonardo da Vinci, Kenneth Clark, First printed: Cambridge University Press 1939, Penguin Books, 1993

網路資源

American Museum of Natural History, www.amnh.org

Ask Nature, www.asknature.org

Buckminster Fuller Institute, www.bfi.org

Cooper Hewitt, Smithsonian Design Museum, www.cooperhewitt.org

The Cornell Lab of Ornithology, www.birds.cornell.edu

Denver Museum of Nature & Science, www.dmns.org

Exploratorium, www.exploratorium.edu

Fundamental Science at Columbia University, https://science.fas.columbia.edu/fundamental-science

Harvard Museum of Natural History, www.hmnh.harvard.edu/home

Hayden Planetarium, American Museum of Natural History, www.amnh.org/our-research/hayden-planetarium

International Dark-Sky Association, www.darksky.org

John Muir Laws, www.johnmuirlaws.com

Khan Academy, www.khanacademy.org

The Leonardo, www.theleonardo.org

Leonardo da Vinci Museum, www.mostredileonardo.com

Lemelson Center for the Study of Invention and Innovation, www.invention.si.edu

Little Shop of Physics, www.lsop.colostate.edu

Make Magazine, www.makezine.com

The Metropolitan Museum of Art, www.metmuseum.org

MIT Museum, https://mitmuseum.mit.edu

The Museum of Modern Art, www.moma.org

Museum of Science, www.mos.org

Museum of Science + Industry, Chicago, www.msichicago.org

National Museum of Mathematics, www.momath.org

NASA, www.nasa.gov

NASA Jet Propulsion Laboratory, California Institute of Technology, www.jpl.nasa.gov

National Gallery of Art, www.nga.gov

National Geographic Society, www.nationalgeographic.org/education

National Geographic TV, www.nationalgeographic.com/tv

National Renewable Energy Laboratory, www.nrel.gov

PBS Kids, www.pbskids.org

Science Channel, www.sciencechannel.com

Smithsonian Museums, www.si.edu/museums

圖片出處

本書圖片由作者海蒂・奧林傑提供，除了下列圖片：

BRIDGEMAN IMAGES

PAGE 2: Reconstruction of da Vinci's design for a bicycle (wood), Vinci, Leonardo da (1452–1519) (after) / Private Collection / Bridgeman Images XOT366466

PAGE5: *Mona Lisa*, c.1503–6 (oil on panel), Vinci, Leonardo da (1452–1519) / Louvre, Paris, France / Bridgeman Images XIR3179

PAGE 6: Ms B fol.89r Take-off and landing gear for a flying machine, 1487-90 (pen & ink on paper), Vinci, Leonardo da (1452–1519) / Bibliotheque de l'Institut de France, Paris, France / Alinari / Bridgeman Images ALI271496

PAGE 15 (right): Portrait of Leonardo da Vinci, 1789 (tempera & engraving on paper), Lasinio, Carlo (1759–1838) / Museo Leonardiano, Vinci, Italy / Bridgeman Images XOT361883

PAGE 16 (right): Codex on the flight of birds, by Leonardo da Vinci (1452–1519), drawing folio 8 recto / De Agostini Picture Library / Bridgeman Images 648548

PAGE 19 (bottom left): Model reconstruction of da Vinci's design for a beating wing (wood and cloth), Vinci, Leonardo da (1452–1519) (after) / Private Collection / Bridgeman Images XOT366472

PAGE 29 (right): Leonardo da Vinci's (1452–1519) drawing for flying machine with human operator / PVDE / Bridgeman Images PVD1685175

PAGE 68: Studies of flowing water, c.1510–13 (pen & ink on paper), Vinci, Leonardo da (1452–1519) / Royal Collection Trust © Her Majesty Queen Elizabeth II, 2018 / Bridgeman Images ROC412170

PAGE 77 (right): Reconstruction of da Vinci's design for a speed gauge for wind or water (wood & metal), Vinci, Leonardo da (1452–1519) (after) / Museo Leonardiano, Vinci, Italy / Bridgeman Images XOT366463

PAGE 87 (left): A page from the Codex Leicester, 1508–12 (sepia ink on linen paper), Vinci, Leonardo da (1452–1519) / Private Collection / Photo © Boltin Picture Library / Bridgeman Images XBP341803

PAGE 96 (left): *Profile of a Young Fiancee* (Chalk, pen, ink and wash tint on vellum), Vinci, Leonardo da (1452–1519) / Private Collection / Bridgeman Images XOS702752

PAGE 102 (bottom): Detail from the nave, Basilica di San Lorenzo, Florence (photo) / Bridgeman Images BEN694665

PAGE 115 (bottom): Full Moon crossing in front of a Full Earth, 2015 / Universal History Archive / Bridgeman Images UIG3508132

PAGE 136: Letter from Leonardo to Ludovico il Moro, the duke of Milan. Biblioteca Ambrosiana, Milan, Italy / De Agostini Picture Library, Bridgeman VBA437162

SHUTTERSTOCK

Pages 4, 8, 10–12, 16 (left), 17–18, 19 (top and right), 22, 28, 29 (left), 30, 32 (bottom), 33, 37–38, 39 (left), 42, 44, 45 (top left and right), 46, 48 (top), 49–51, 55 (middle and bottom rows), 57–63, 65–66, 69, 71–73, 76 (center and right), 77 (left), 78, 80 (top), 86, 87 (right), 88–89, 94–95, 96 (right top and bottom), 100, 102 (top), 103, 105, 109 (right), 110, 114, 115 (top), 116 (left), 117–123, 125–126, 129–130, 131 (all top), 132–134, 137

ESA/HUBBLE & NASA

Page 124

謝詞

一本書的問世，要靠一個團隊。《天才達文西的科學教室》的出版，以下夥伴貢獻良多，在此表達謝忱：Meena Balgopal、Claire Boyles、Madzie Boyles、Simon Boyles、Lois Cashman、Libby Colbert、Madeleine Colbert、Noah Colbert、Andee Craig、Judith Cressy、Marissa Giambrone、Mary Ann Hall、Lauren Isenhour、C.J. Kellogg、Meredith Quinn、Lynne McKown Rivera、Onalee Smith、Jim Striggow，還有 Anne Myers Thorson。

我也要向家人說幾句話：

叔叔Robert G. Ewing，在我約六歲的年紀，教我「一點線形透視法」。第四章提到的透視法步驟，正是我從Robert身上學到的。

祖母Beatrice E. Olinger，致力於孫女們的教育並豐富她們的生命。祖母送給我許多啟發性的禮物，其中一項是三稜鏡，這也是第三章的創作泉源。

父親James C. Olinger鼓勵我成為作家與科學家，他省吃儉用，讓我可以上學。爸爸，透過您的角度來檢視自我，鞭策我達到當初你的期望。

Lewis James Striggow，是朋友、發明家也是企業家，他讀了本書手稿並伸出援手，協助出書計畫的測試及攝影。

科學
圖書館
005

天才達文西的科學教室：像科學家一樣，發明、創造和製作STEAM科展作品

作者：海蒂‧奧林傑（Heidi Olinger）
譯者：李弘善
封面圖片授權：iStockphoto、Shutterstock
責任編輯：李嫈婷
美術設計：文皇工作室
內文排版：立全電腦印前排版有限公司
校對：張亮亮

總編輯：黃文慧
行銷總監：祝子慧
行銷企劃：林彥伶、朱妍靜
印務：黃禮賢、李孟儒

社長：郭重興
發行人兼出版總監：曾大福
出版：快樂文化出版/遠足文化事業股份有限公司
Facebook粉絲團：https://www.facebook.com/Happyhappybooks/
地址：231 新北市新店區民權路108-1號8樓
網址：www.bookrep.com.tw
電話：（02）2218-1417／傳真：（02）2218-8057
發行：遠足文化事業股份有限公司
地址：231 新北市新店區民權路108-2號9樓 電話：（02）2218-1417
傳真：（02）2218-1142 電郵：service@bookrep.com.tw
郵撥帳號：19504465
客服電話：0800-221-029
網址：www.bookrep.com.tw
法律顧問：華洋法律事務所蘇文生律師
印刷：凱林印刷
初版一刷：西元2020年10月
定價：480 元
ISBN：978-986-99016-9-7 (平裝)
Printed in Taiwan 版權所有‧翻印必究

特別聲明：有關本書中的言論內容，不代表本公司／出版集團之立場與意見，文責由作者自行承擔。

國家圖書館出版品預行編目（CIP）資料

天才達文西的科學教室：像科學家一樣，發明、創造和製作STEAM科展作品/ 海蒂.奧林傑(Heidi Olinger)著；李弘善譯. -- 初版. -- 新北市：快樂文化出版：遠足文化發行, 2020.10
　面；　公分
譯自：Leonardo's science workshop : invent, create, and make steam projects like a genius.
　ISBN 978-986-99016-9-7(平裝)

1.達文西(Leonardo, da Vinci, 1452-1519) 2.科學實驗 3.通俗作品

303.4　　　　　　　　　　　　　109014078